▶ 花后干旱胁迫下小麦淀粉质体微骨架结构的建成及其与淀粉合成的关系机制研究（项目编号：32360445）

▶ 磷素调控小麦籽粒淀粉粒分化过程中质体分裂基因的作用机理研究（项目编号：31860335）

▶ 石河子大学教育教学改革项目：《试验设计与数据分析》课程建设与教学改革（项目编号：JGY-2022-088）

# 农业试验数据统计分析与实践

李春艳　李　诚●编著

## Statistical Analysis and Practice of Agricultural Experimental Data

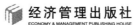

经济管理出版社
ECONOMY & MANAGEMENT PUBLISHING HOUSE

**图书在版编目（CIP）数据**

农业试验数据统计分析与实践 / 李春艳，李诚编著.
-- 北京 ： 经济管理出版社，2024.6
ISBN 978-7-5096-9698-9

Ⅰ. ①农… Ⅱ. ①李… ②李… Ⅲ. ①农业科学—实
验—农业统计—统计分析 Ⅳ. ①S-3

中国国家版本馆 CIP 数据核字（2024）第 091661 号

组稿编辑：曹　靖
责任编辑：郭　飞
责任印制：许　艳
责任校对：张晓燕

出版发行：经济管理出版社
　　　　　（北京市海淀区北蜂窝 8 号中雅大厦 A 座 11 层　100038）
网　　址：www.E-mp.com.cn
电　　话：（010）51915602
印　　刷：唐山昊达印刷有限公司
经　　销：新华书店
开　　本：720mm×1000mm/16
印　　张：19
字　　数：292 千字
版　　次：2024 年 8 月第 1 版　　2024 年 8 月第 1 次印刷
书　　号：ISBN 978-7-5096-9698-9
定　　价：68.00 元

# 《农业试验数据统计分析与实践》

## 参编人员

李　超　李　刚　付凯勇
魏加练　闫　美　曾天云

# 前　言

　　试验设计与数据分析是植物生产类专业的基础课程，也是农业和生物科学研究的基础工具。加强统计分析方法与计算机统计软件的结合是降低该课程学习和应用难度的有效途径。目前很多农林院校都开设了田间试验设计与统计分析方法的实验课，或者是统计应用软件类的选修课程，应用的软件有 SAS、Excel、SPSS、Matlab、Sigmaplot 等。SPSS for Windows 和 OriginLab 都是非常优秀的软件，它们以强大的统计与作图功能深受广大科技工作者和大学生的青睐。近年来出版的一些供本科生使用的此类教材，有些只是在附录中介绍了部分例题，或是仅侧重于数据分析过程，但是在对数据分析结果更直观的展示方面有所不足。因此，编写一本面向植物生产类专业读者的数据分析实践图书，对于提高生物统计类课程的学习应用效果具有重要的意义。

　　本书汇集了大量农业试验数据，有较强的针对性和应用性。本书共 12 章，包括试验资料的整理与描述、t 检验、单因素方差分析、两因素方差分析、多年多点品种试验的方差分析、卡平方检验、直线回归与相关、多元线性回归与相关、曲线回归、多项式回归、聚类分析、主成分分析等内容。本书内容丰富、难易适中，每种统计分析方法都结合基本原理的叙述、实例和 SPSS 软件及 Origin 软件的完整操作步骤。其中 Origin 软件的应用结合了最新的 Apps，尤其是统计图的展示方式，如各种热图、小提琴图、弦图等，紧跟生物科学的热点期刊，使软件的应用范围得以大大拓展。

感谢国家自然科学基金（项目编号：32360445、31860335）和石河子大学教育教学改革项目（项目编号：JGY-2022-088）对本书出版的经费支持！本书中引用了文后参考文献中的部分理论，在此谨向有关作者表示感谢，同时也对关心与支持本书编写、出版的出版社编辑和同行们表示衷心的感谢。最后，诚挚地希望读者对书中的谬误和不足之处给予指正，以利于今后的修订。

# 目 录

第一章 试验资料的整理与描述性分析 ················· 1

 第一节 数量性状资料的描述分析及统计图表的绘制 ··········· 1

 第二节 数量性状资料统计图表的优化

   ——以 Origin 软件为例 ·············· 10

 第三节 质量性状资料的描述分析及统计图表的绘制 ········ 16

 习题 ················· 22

第二章 统计假设检验 ················· 24

 第一节 单个样本平均数的假设检验 ············· 24

 第二节 两个样本平均数的假设检验 ············· 27

 习题 ················· 39

第三章 单因素试验资料的方差分析 ·············· 41

 第一节 单因素完全随机试验资料的方差分析 ········· 41

 第二节 单因素随机区组试验资料的方差分析 ········· 53

 第三节 拉丁方试验数据的方差分析 ············· 59

 习题 ················· 66

**第四章 两因素试验资料的方差分析** ············· 69

第一节 两因素交叉分组完全随机设计有重复观测值
试验资料的方差分析 ················· 69

第二节 两因素随机区组试验数据的方差分析 ········· 82

第三节 裂区设计试验数据的方差分析 ············ 92

习题 ····································· 99

**第五章 多年多点品种试验资料的方差分析** ········· 101

习题 ································· 112

**第六章 $\chi^2$ 检验** ························· 113

第一节 适合性检验 ······················· 113

第二节 独立性检验 ······················· 117

习题 ································· 126

**第七章 直线回归与相关** ···················· 128

第一节 直线相关分析 ····················· 128

第二节 直线回归分析 ····················· 132

习题 ································· 135

**第八章 多元线性回归与相关** ················· 137

第一节 多元线性回归分析 ·················· 137

第二节 多元线性相关分析 ·················· 144

第三节 偏相关分析 ······················· 148

习题 ································· 151

**第九章 曲线回归分析** ······················ 154

第一节 曲线参数估计分析 ·················· 155

第二节　指数曲线回归分析····················································· 163

第三节　幂函数曲线回归分析················································· 169

第四节　Logistic 曲线回归分析·············································· 175

习题··················································································· 181

# 第十章　多项式回归分析······················································· 182

第一节　一元二次多项式回归分析·········································· 183

第二节　一元高次多项式回归分析·········································· 190

第三节　二元二次多项式回归分析·········································· 196

习题··················································································· 207

# 第十一章　聚类分析······························································· 208

第一节　K 法快速聚类分析···················································· 209

第二节　系统聚类分析··························································· 217

第三节　聚类分析热图··························································· 224

习题··················································································· 229

# 第十二章　主成分分析···························································· 231

习题··················································································· 248

# 补充材料一：多元多项式回归分析、规划求解和方差分析的
综合应用················································································ 249

# 补充材料二：CurveExpert 软件进行 Logistic 方程拟合及
特征值计算············································································ 261

# 补充材料三：方差分析、隶属函数综合评价和相关性分析的
综合应用················································································ 266

# 参考文献··············································································· 290

# 第一章　试验资料的整理与描述性分析

农学和生物学试验研究所获得的资料一般可分为数量性状资料和质量性状资料两大类。本章将分别针对这两类资料的分析和绘图方法进行介绍。

进行农学或生物学相关研究，通过观察、测量、化验分析等可获得大量的原始数据，这些数据资料往往是零乱、无规律可循的，只有通过对数据资料的整理分析才能发现其内在的规律和联系。在对资料进行整理和分析前，须对原始资料进行检查、核对，以保证资料的完整性和正确性。

为了对试验数据资料做进一步的统计分析，常用平均数描述资料的集中性特征，平均数主要有算数平均数、几何平均数、中位数、众数和调和平均数。用变异数描述资料的离散性特征，变异数主要有：极差、方差、标准差和变异系数。进行科学研究时，根据试验目的收集的变量分为单个变量和多个变量，两种情况下进行描述性分析的方法基本一致，只是选择变量数据时略有不同。此处以多个变量的描述分析为例。

## 第一节　数量性状资料的描述分析及统计图表的绘制

观察测定数量性状所获得的数据就是数量性状资料。根据获得数量性状资料方式的不同，数量性状资料又可以分为计量资料和计数资料两种。常用的统计图有直方图、多边形图、条形图、折线图或线图、圆图等。图形的选择取决于资料的性质，一般情况下，计量资料采用直方图、多边形图和折线图（线图），计数资料、质量性状资料常采用条形图、圆图。

【例题1-1】对20个小麦品种进行成熟期相关性状考种，数据如表1-1所示。分别计算株高、穗长、穗粒数和千粒重四组资料的最大值、最小值、平均数、标准差等。

表1-1 20个小麦品种的株高、穗长、穗粒数和千粒重数据

| 品种 | 株高（cm） | 穗长（cm） | 穗粒数 | 千粒重（g） |
|---|---|---|---|---|
| 品种1 | 66.8 | 11.5 | 32 | 35.6 |
| 品种2 | 68.5 | 12.7 | 41 | 35.9 |
| 品种3 | 73.8 | 13.8 | 34 | 35.5 |
| 品种4 | 62.6 | 11.4 | 34 | 39.1 |
| 品种5 | 74.8 | 13.5 | 37 | 39.0 |
| 品种6 | 64.7 | 11.1 | 32 | 42.5 |
| 品种7 | 78.6 | 15.4 | 32 | 34.2 |
| 品种8 | 81.2 | 16.4 | 31 | 30.0 |
| 品种9 | 78.2 | 16.2 | 34 | 43.7 |
| 品种10 | 90.4 | 15.0 | 39 | 36.0 |
| 品种11 | 92.1 | 15.9 | 36 | 36.6 |
| 品种12 | 99.0 | 15.5 | 36 | 37.8 |
| 品种13 | 71.0 | 12.5 | 42 | 38.6 |
| 品种14 | 70.5 | 13.6 | 39 | 39.3 |
| 品种15 | 63.0 | 13.2 | 38 | 39.0 |
| 品种16 | 80.0 | 14.0 | 37 | 42.3 |
| 品种17 | 78.6 | 12.8 | 36 | 41.2 |
| 品种18 | 70.0 | 13.1 | 35 | 40.0 |

续表

| 品种 | 株高（cm） | 穗长（cm） | 穗粒数 | 千粒重（g） |
|------|-----------|-----------|--------|------------|
| 品种19 | 82.0 | 11.9 | 38 | 38.5 |
| 品种20 | 72.0 | 12.2 | 37 | 41.0 |

**一、SPSS 法**

1. 启动 SPSS 软件，并建立数据文件，如图 1-1 所示。

| | 品种 | 株高 | 穗长 | 穗粒数 | 千粒重 |
|----|-------|-------|-------|--------|--------|
| 1 | 品种1 | 66.80 | 11.50 | 32.00 | 35.60 |
| 2 | 品种2 | 68.50 | 12.70 | 41.00 | 35.90 |
| 3 | 品种3 | 73.80 | 13.80 | 34.00 | 35.50 |
| 4 | 品种4 | 62.60 | 11.40 | 34.00 | 39.10 |
| 5 | 品种5 | 74.80 | 13.50 | 37.00 | 39.00 |
| 6 | 品种6 | 64.70 | 11.10 | 32.00 | 42.50 |
| 7 | 品种7 | 78.60 | 15.40 | 32.00 | 34.20 |
| 8 | 品种8 | 81.20 | 16.40 | 31.00 | 30.00 |
| 9 | 品种9 | 78.20 | 16.20 | 34.00 | 43.70 |
| 10 | 品种10 | 90.40 | 15.00 | 39.00 | 36.00 |
| 11 | 品种11 | 92.10 | 15.90 | 36.00 | 36.60 |
| 12 | 品种12 | 99.00 | 15.50 | 36.00 | 37.80 |
| 13 | 品种13 | 71.00 | 12.50 | 42.00 | 38.60 |
| 14 | 品种14 | 70.50 | 13.60 | 39.00 | 39.30 |
| 15 | 品种15 | 63.00 | 13.20 | 38.00 | 39.00 |
| 16 | 品种16 | 80.00 | 14.00 | 37.00 | 42.30 |
| 17 | 品种17 | 78.60 | 12.80 | 36.00 | 41.20 |
| 18 | 品种18 | 70.00 | 13.10 | 35.00 | 40.00 |
| 19 | 品种19 | 82.00 | 11.90 | 38.00 | 38.50 |
| 20 | 品种20 | 72.00 | 12.20 | 37.00 | 41.00 |

**图 1-1　小麦株高、穗长、穗粒数和千粒重数据文件**

2. 单击【分析】、【描述统计】、【描述】，在变量栏中输入株高、穗长、穗粒数和千粒重，单击【选项】，根据需要选择均值、合计、标准差、方差、范围、最小值、最大值、均值的标准误等，如图 1-2 所示。其他选项值保持默认。

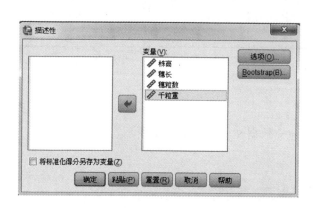

图1-2　描述性统计对话框

3. 单击【继续】、【确定】，得到结果输出，如表1-2所示。

表1-2　描述统计量

|  | N | 全距 | 极小值 | 极大值 | 和 | 均值 | | 标准差 | 方差 |
|---|---|---|---|---|---|---|---|---|---|
|  | 统计量 | 统计量 | 统计量 | 统计量 | 统计量 | 统计量 | 标准误 | 统计量 | 统计量 |
| 株高 | 20 | 36.40 | 62.60 | 99.00 | 1517.80 | 75.8900 | 2.19053 | 9.79634 | 95.968 |
| 穗长 | 20 | 5.30 | 11.10 | 16.40 | 271.70 | 13.5850 | 0.37108 | 1.65951 | 2.754 |
| 穗粒数 | 20 | 11.00 | 31.00 | 42.00 | 720.00 | 36.0000 | 0.68056 | 3.04354 | 9.263 |
| 千粒重 | 20 | 13.70 | 30.00 | 43.70 | 765.80 | 38.2900 | 0.72395 | 3.23759 | 10.482 |

## 二、Origin 法

1. 启动 Origin 软件，并建立数据文件，如图1-3所示。

| 长名称 | A(X) | B(Y) | C(Y) | D(Y) | E(Y) | |
|---|---|---|---|---|---|---|
| | 品种 | 株高（cm） | 穗长（cm） | 穗粒数 | 千粒重（g） | |
| 单位 | | | | | | |
| 注释 | | | | | | |
| F(x)= | | | | | | |
| 1 | 品种1 | 66.8 | 11.5 | 32 | 35.6 | |
| 2 | 品种2 | 68.5 | 12.7 | 41 | 35.9 | |
| 3 | 品种3 | 73.8 | 13.8 | 34 | 35.5 | |
| 4 | 品种4 | 62.6 | 11.4 | 34 | 39.1 | |
| 5 | 品种5 | 74.8 | 13.5 | 37 | 39 | |
| 6 | 品种6 | 64.7 | 11.1 | 32 | 42.5 | |
| 7 | 品种7 | 78.6 | 15.4 | 32 | 34.2 | |
| 8 | 品种8 | 81.2 | 16.4 | 31 | 30 | |
| 9 | 品种9 | 78.2 | 16.2 | 34 | 43.7 | |
| 10 | 品种10 | 90.4 | 15 | 39 | 36 | |
| 11 | 品种11 | 92.1 | 15.9 | 36 | 36.6 | |
| 12 | 品种12 | 99 | 15.5 | 36 | 37.8 | |
| 13 | 品种13 | 71 | 12.5 | 42 | 38.6 | |
| 14 | 品种14 | 70.5 | 13.6 | 39 | 39.3 | |
| 15 | 品种15 | 63 | 13.2 | 38 | 39 | |
| 16 | 品种16 | 80 | 14 | 37 | 42.3 | |
| 17 | 品种17 | 78.6 | 12.8 | 36 | 41.2 | |
| 18 | 品种18 | 70 | 13.1 | 35 | 40 | |
| 19 | 品种19 | 82 | 11.9 | 38 | 38.5 | |
| 20 | 品种20 | 72 | 12.2 | 37 | 41 | |
| 21 | | | | | | |

图 1-3 小麦株高、穗长、穗粒数和千粒重数据文件

2. 单击【统计】、【描述统计】、【列统计】（列统计和行统计的选择根据数据输入方式来定）。单击【输入】，在数据范围一栏选择原始数据，如图 1-4 所示。其他选项值保持默认。单击【输出量】，根据需要选择均值、总和、标准差、标准误、方差、极差、变异系数、几何均值、调和平均值等，其他选项值保持默认。

3. 单击【绘图】，根据需要可选择直方图和箱线图，其中直方图的区间大小和区间个数等可根据需要自行修改，如图 1-5 所示。单击【确定】，得到结果输出，如图 1-6、图 1-7、图 1-9 所示。其中可通过双击直方图得到图 1-8，根据需要进行图形编辑。

4. 下面以图 1-9 为例，补充说明箱线图中各数据点的含义，图 1-10 中 1~7 各数据点的含义分别为：异常值、最大观测值、上四分位数、平均值、中位数、下四分位数、最小观测值。所谓异常值，也称离群值，一般是指在所获统计数据中相对误差较大的观测数据。不同的参考资料和软件对异常值的定义各有区别。对异常值的检测十分必要，因为它会对试验结果产生重要影响，一般可根据特定的检测方法再结合具体试验操作和目的确定和剔除异常值。

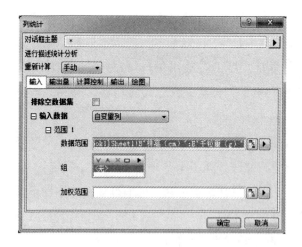

**图1-4　列统计对话框（1）**

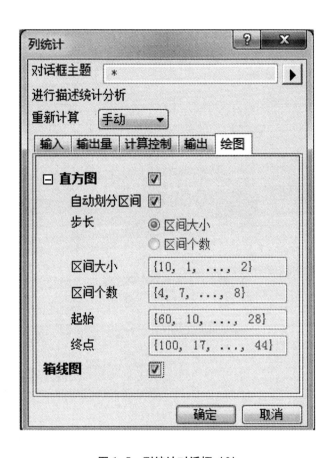

**图 1-5　列统计对话框（2）**

| | 总数N | 均值 | 标准差 | 均值SE | 方差 | 总和 | 变异系数 | 几何均值 | 众数 | 调和平均值 | 最小值 | 中位数 | 最大值 |
|---|---|---|---|---|---|---|---|---|---|---|---|---|---|
| 株高（cm） | 20 | 75.89 | 9.79634 | 2.19053 | 95.96832 | 1517.8 | 0.12909 | 75.31559 | 78.6 | 74.7667 | 62.6 | 74.3 | 99 |
| 穗长（cm） | 20 | 13.585 | 1.65951 | 0.37108 | 2.75397 | 271.7 | 0.12216 | 13.48991 | -- | 13.39642 | 11.1 | 13.35 | 16.4 |
| 穗粒数 | 20 | 36 | 3.04354 | 0.68056 | 9.26316 | 720 | 0.08454 | 35.87798 | 32 | 35.75626 | 31 | 36 | 42 |
| 千粒重（g） | 20 | 38.29 | 3.23759 | 0.72395 | 10.482 | 765.8 | 0.08455 | 38.15441 | 39 | 38.0126 | 30 | 38.8 | 43.7 |

输入数据

描述统计

**图 1-6　描述性统计结果输出**

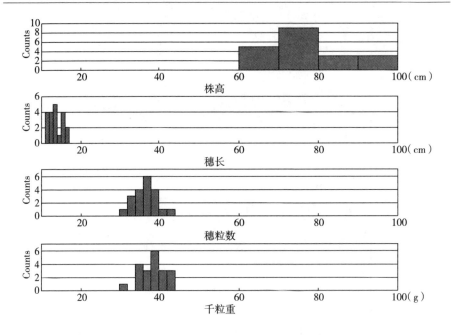

图1-7 直方图结果输出

图1-8 绘图属性编辑框

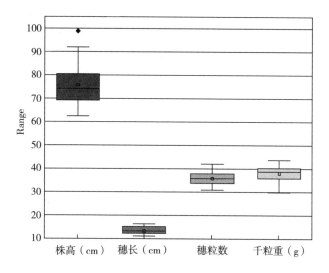

图 1-9 箱线图结果输出

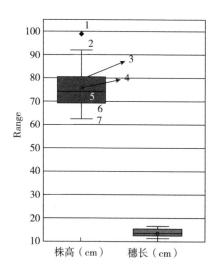

图 1-10 箱线图各数据点指示

# 第二节 数量性状资料统计图表的优化
## ——以 Origin 软件为例

Origin 软件有强大的绘图功能，可通过单击【绘图】，查看多种图形模式，如图 1-11 所示。以【例题 1-1】为例，先选中作图数据，再选择【绘图】、【统计图】，单击条形图/小提琴图（带四分位），可直接输出图形，如图 1-12 所示。也可通过图 1-13 对话框选择数据，输出图形，两种方式输出结果一致。

通过 Origin 软件还可以绘制其他类型的统计图，图 1-14 为"箱线图+正态曲线"，在比较性状间均值时，还可以看出各性状的观测值是否符合正态分布。图 1-15 为"箱线图+点重叠"，同样在比较性状间均值时，可以看出各性状的观测值分布情况以及异常值。图 1-16 为带箱体的小提琴图，同样可以看出各性状观测值的分布。

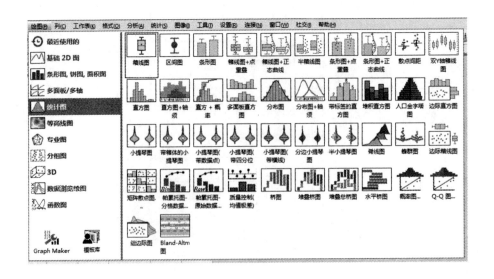

图 1-11 Origin 绘图界面

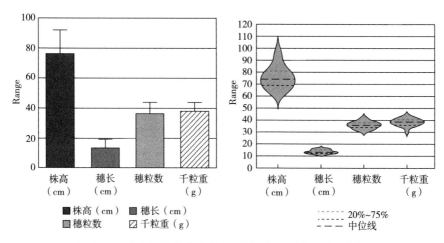

**图 1-12　Origin 软件输出的条形图/小提琴图（带四分位）**

**图 1-13　Origin 软件图表绘制对话框**

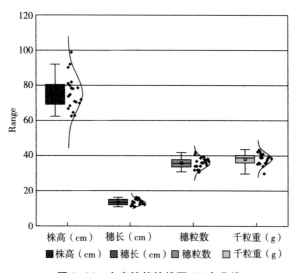

**图 1-14　小麦性状箱线图+正态曲线**

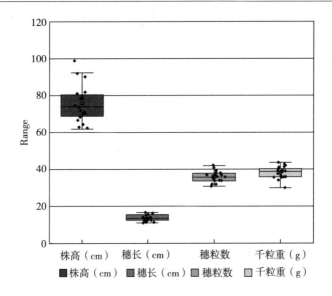

**图 1-15　小麦性状箱线图+点重叠**

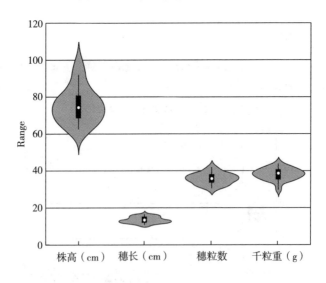

**图 1-16　小麦性状带箱体的小提琴图**

以上统计图进行的是各性状之间的比较，还可以进行不同品种不同性状之间的比较。当数据较少时，可以选择绘图中的专业图。以【例题 1-1】前 6 个品种数据为例，绘制雷达图，如图 1-17 和图 1-18 所示。

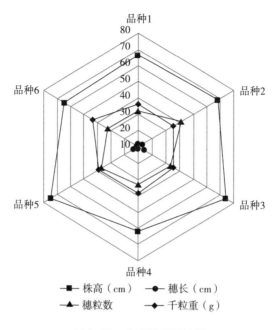

**图 1-17　小麦性状雷达图**

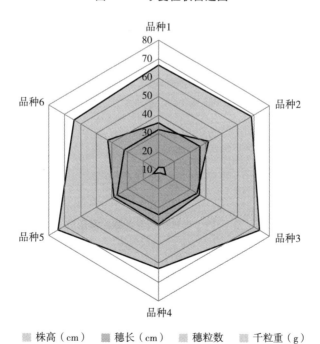

**图 1-18　小麦性状线内填充雷达图**

当不同系列数据之间差异较大时，可采用断层图表征，以提高可视化程度。如两组数据平均值分别为586和11（具体数据略），当两组数据直接出现在一个图中时，由于组间差异太大，统计图不够美观，如图1-19所示。此时可通过选中图形刻度，右击打开坐标轴对话框，单击【断点】，设置断点数为1，断点从20~570，自动位置；再将最大值设为590，单击应用即可得到断层图，如图1-20所示。

当不同系列数据之间差异较大，在同一个图中数据较小的系列无法表现出变化趋势，如图1-21所示（具体数据略），此时可采用双Y轴图表征（绘图-多面板/多轴），以提高可视化程度，如图1-22所示。

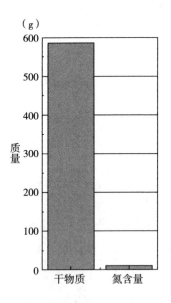

**图1-19 干物质和氮含量柱形图**

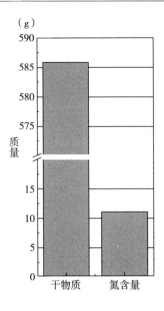

图 1-20 干物质和氮含量断层柱形图

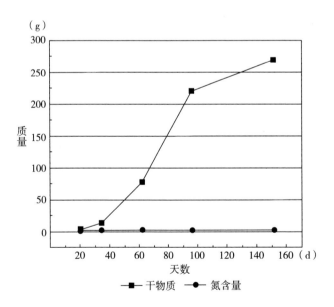

图 1-21 干物质和氮含量（点线图）

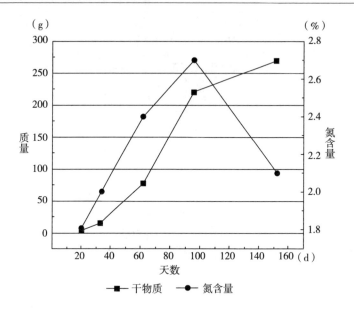

**图 1-22　干物质和氮含量（双 Y 轴点线图）**

# 第三节　质量性状资料的描述分析及统计图表的绘制

质量性状又称属性性状，指能观察到而不能直接测量的性状。这类性状本身不能直接用数量表示，要获得这类性状的数量资料，须对其观察结果作数量化处理。方法主要有统计次数法和定级评分法。常用统计图为条形图和圆图。本节主要介绍通过 Origin 软件绘制单个系列和多系列质量性状数据的不同类型统计图。

【例题 1-2】水稻杂交 $F_2$ 植株米粒性状分离情况如表 1-3 所示，试通过统计图表进行表征。

表 1-3　水稻杂交 $F_2$ 植株米粒性状分离情况

| 性状类型 | 次数（f） | 频率（%） |
|---|---|---|
| 红米非糯 | 96 | 54 |
| 红米糯稻 | 37 | 21 |
| 白米非糯 | 31 | 17 |
| 白米糯稻 | 15 | 8 |
| 合计 | 179 | 100 |

1. 启动 Origin 软件，并建立数据文件，如图 1-23 所示。

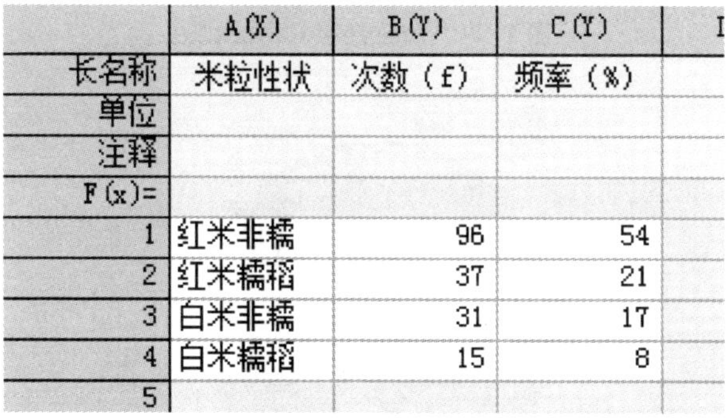

| | A(X) | B(Y) | C(Y) | I |
|---|---|---|---|---|
| 长名称 | 米粒性状 | 次数（f） | 频率（%） | |
| 单位 | | | | |
| 注释 | | | | |
| F(x)= | | | | |
| 1 | 红米非糯 | 96 | 54 | |
| 2 | 红米糯稻 | 37 | 21 | |
| 3 | 白米非糯 | 31 | 17 | |
| 4 | 白米糯稻 | 15 | 8 | |
| 5 | | | | |

图 1-23　水稻杂交 $F_2$ 植株米粒性状分离数据文件

2. 先选中作图数据—米粒性状和次数，再选择【绘图】、【条形图、饼图、面积图】，单击柱状图，可直接输出图形，如图 1-24 所示。

3. 按住 Ctrl 键，同时选中作图数据—米粒性状和频率，再选择【绘图】、【条形图、饼图、面积图】，单击饼图，可直接输出图形，双击饼图，在标签选项中勾选百分比和类别，即可输出图形如图 1-25 所示。

4. 按照同样的方法可输出多半径饼图和多半径环形图，如图 1-26 和图 1-27 所示。

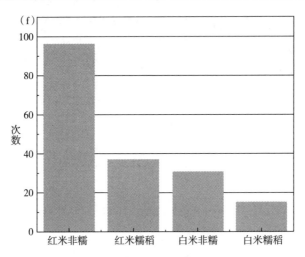

图 1-24　米粒性状分离柱状图

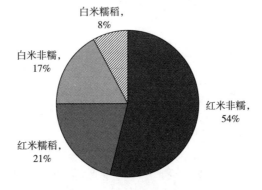

图 1-25　米粒性状分离饼图

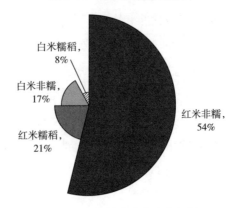

图 1-26　米粒性状分离多半径饼图

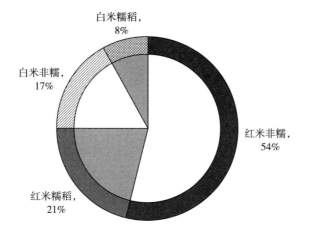

**图 1-27 米粒性状分离多半径环形图**

【例题 1-3】分别调查水稻品种 A 和品种 B 后代群体植株米粒性状分离情况如表 1-4 所示,试通过统计图表进行表征。

**表 1-4 水稻杂交 $F_2$ 植株米粒性状分离情况**

| 性状类型 | 品种 A | | 品种 B | |
|---|---|---|---|---|
| | 次数（f） | 频率（%） | 次数（f） | 频率（%） |
| 红米非糯 | 96 | 54 | 56 | 31 |
| 红米糯稻 | 37 | 21 | 27 | 15 |
| 白米非糯 | 31 | 17 | 18 | 10 |
| 白米糯稻 | 15 | 8 | 78 | 44 |
| 合计 | 179 | 100 | 179 | 100 |

1. 启动 Origin 软件,并建立数据文件,如图 1-28 所示。

2. 选中 A、B、C 三列数据,单击【绘图】、【条形图、饼图、面积图】,单击环形图,可直接输出双层环形图,如图 1-29 所示,再调整图例为水平方向。此图可通过相同颜色占比的大小比较两个品种间同一性状的分布频率。注意:当在同一个饼图中展示不同系列所占比例时,不同性状的次数总和应该相等。

|  | A(X) | B(Y) | C(Y) |
|---|---|---|---|
| 长名称 | 米粒性状次数 | A品种 | B品种 |
| 单位 |  |  |  |
| 注释 |  |  |  |
| F(x)= |  |  |  |
| 类别 | 未排序 |  |  |
| 1 | 红米非糯 | 96 | 56 |
| 2 | 红米糯稻 | 37 | 27 |
| 3 | 白米非糯 | 31 | 18 |
| 4 | 白米糯稻 | 15 | 78 |

图 1-28　米粒性状数据

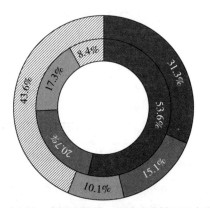

■ 红米非糯　■ 红米糯稻　▨ 白米非糯　▨ 白米糯稻

图 1-29　两个品种米粒性状双层环形图

3. 同样选中 A、B、C 三列数据，单击【绘图】、【条形图、饼图、面积图】，单击百分比堆积条形图，可直接输出双系列条形图，如图 1-30 所示，再调整图例为水平方向。此图可比较两个品种间同一性状所占的比例。

4. 将数据整理成如图 1-31 所示，注意要将所有列通过右击设置为 Y。选中 A、B、C、D 四列数据，单击【绘图】、【条形图、饼图、面积图】，单击百分比堆积条形图，可直接输出双系列条形图，如图 1-32 所示，再调整图例为水平方向。此图可比较两个品种间同一性状所占的比例。

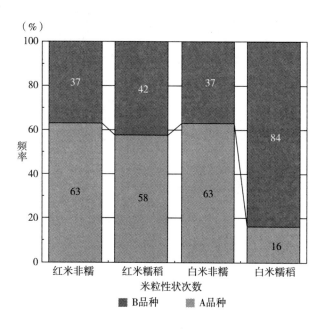

图 1-30　两个品种米粒性状百分比堆积条形图

| 长名称 | A(Y) | B(Y) | C(Y) | D(Y) |
|---|---|---|---|---|
| | 红米非糯 | 红米糯稻 | 白米非糯 | 白米糯稻 |
| 单位 | | | | |
| 注释 | | | | |
| F(x)= | | | | |
| 1 | 96 | 37 | 31 | 15 |
| 2 | 56 | 27 | 18 | 78 |
| 3 | | | | |

图 1-31　米粒性状次数

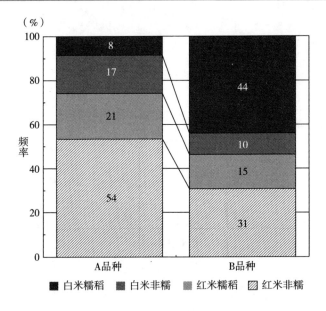

图 1-32　两个品种米粒性状百分比堆积条形图

# 习　题

1. 下列数据为 15 个小麦品种低氮水培条件下的各性状数据（见表 1），试通过 SPSS 和 Origin 软件进行描述性统计，分析各性状的均值、标准差、标准误、方差、极差、变异系数、几何平均数、调和平均数，并绘制各性状的箱线图、柱形图和小提琴图。

表 1　15 个小麦品种低氮水培条件下的各性状观察值

| 品种名称 | 根重（g） | 茎重（g） | 株高（cm） | 根数 | 最大根长（cm） | 植株氮积累量（mg） |
|---|---|---|---|---|---|---|
| 新冬 3 号 | 0.48 | 0.88 | 24.52 | 7.00 | 10.40 | 1.36 |

续表

| 品种名称 | 根重（g） | 茎重（g） | 株高（cm） | 根数 | 最大根长（cm） | 植株氮积累量（mg） |
|---|---|---|---|---|---|---|
| 新冬 7 号 | 0.30 | 0.76 | 27.66 | 7.40 | 12.38 | 1.65 |
| 新冬 15 号 | 0.55 | 0.81 | 19.32 | 5.00 | 13.08 | 1.11 |
| 新冬 18 号 | 0.21 | 0.55 | 22.82 | 6.60 | 10.78 | 1.27 |
| 新冬 23 号 | 0.25 | 0.38 | 20.70 | 4.80 | 15.44 | 1.44 |
| 新冬 28 号 | 0.47 | 0.81 | 19.50 | 5.80 | 11.50 | 1.29 |
| 邯 5316 | 0.17 | 0.28 | 20.26 | 7.20 | 9.54 | 1.41 |
| 河农 9901 | 0.33 | 0.52 | 20.90 | 4.80 | 11.60 | 1.64 |
| 石审 6185 | 0.32 | 0.76 | 22.44 | 6.80 | 11.56 | 1.75 |
| 石家庄 8 号 | 0.53 | 0.81 | 22.66 | 6.80 | 12.14 | 1.37 |
| 偃展 4110 | 0.30 | 0.47 | 19.78 | 7.20 | 12.34 | 1.37 |
| 豫麦 34 号 | 0.37 | 0.52 | 22.36 | 8.20 | 14.00 | 2.30 |
| 石 4185 | 0.21 | 0.40 | 19.78 | 5.00 | 16.66 | 1.06 |
| 新乡 9408 | 0.40 | 0.57 | 18.60 | 5.40 | 14.34 | 1.68 |
| 郑 9023 | 0.21 | 0.40 | 16.94 | 7.40 | 9.02 | 1.43 |

2. 两个小麦品种抗倒伏性状调查如表 2 所示：试做统计图表。

表 2　两个小麦品种抗倒伏性状调查

| 品种 | 不抗倒伏（%） | 中抗倒伏（%） | 高抗倒伏（%） | 合计（%） |
|---|---|---|---|---|
| A | 52.3 | 27.8 | 19.9 | 100 |
| B | 30.2 | 18.1 | 51.7 | 100 |

# 第二章　统计假设检验

假设检验是指根据样本统计数对样本所属总体参数提出的假设是否被否定所进行的检验。假设检验又称为显著性检验，是统计学中十分重要的内容。假设检验的方法很多，本章主要结合实例阐明单个样本平均数的假设检验和两个样本平均数的假设检验的方法和步骤。

## 第一节　单个样本平均数的假设检验

单个样本平均数假设检验的目的在于检验样本所属总体平均数与已知总体平均数（一般为公认的理论数值、经验值或期望数值）是否有差异。

【例题 2-1】已知当地某小麦品种 A 一般大田千粒重为 36.0g，现引进一高产品种 B 在 10 个小区种植，收获后随机测定各小区的千粒重，观测值分别为：37.8g、38.7g、39.0g、36.0g、38.0g、37.0g、38.4g、39.0g、39.2g、37.0g。试检验当地品种 A 和引进品种 B 的千粒重是否相同？

**一、SPSS 法**

1. 启动 SPSS 软件，并建立数据文件，如图 2-1 所示。

| | 千粒重 | 곡 |
|---|---|---|
| 1 | 37.8 | |
| 2 | 38.7 | |
| 3 | 39.0 | |
| 4 | 36.0 | |
| 5 | 38.0 | |
| 6 | 37.0 | |
| 7 | 38.4 | |
| 8 | 39.0 | |
| 9 | 39.2 | |
| 10 | 37.0 | |

**图 2-1 小麦千粒重数据文件**

2. 单击【分析】、【比较均值】、【单样本 T 检验】，在检验变量栏中输入千粒重，在检验值中输入 36，如图 2-2 所示。其他选项值保持默认。

3. 单击【确认】，输出结果如表 2-1 和表 2-2 所示。

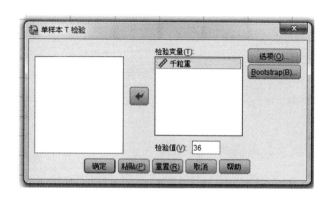

**图 2-2 单样本 T 检验对话框**

表 2-1　单个样本统计量

|  | 样本数 | 均值（g） | 标准差 | 均值的标准误 |
|---|---|---|---|---|
| 千粒重 | 10 | 38.010 | 1.0609 | 0.3355 |

表 2-2　单个样本检验

|  | 检验值=36 | | | | | |
|---|---|---|---|---|---|---|
|  | t | df | Sig.（双侧） | 均值差值 | 差分的95%置信区间 | |
|  |  |  |  |  | 下限 | 上限 |
| 千粒重 | 5.991 | 9 | 0.000 | 2.0100 | 1.251 | 2.769 |

## 二、Origin 法

1. 启动 Origin 软件，并建立数据文件。单击【统计】、【假设检验】、【单样本 t 检验】，如图 2-3 所示。其他选项值保持默认。

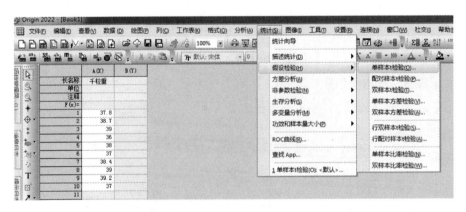

图 2-3　小麦千粒重数据文件及单样本 t 检验对话框

2. 单击【输入】的收缩栏，选择 A（X）千粒重，单击【均值 t 检验】，在均值检验栏中输入 36，其他选项值保持默认。如图 2-4 所示。

3. 单击【确定】，输出结果如图 2-5 所示。

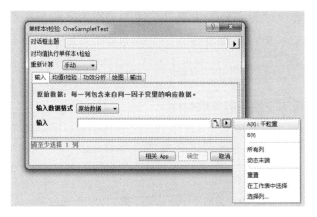

图 2-4　单样本 t 检验对话框

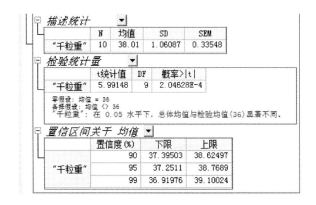

图 2-5　单样本 T 检验结果输出

从本例题中数据分析可以看出，t = 5.991，自由度 df = 9，p<0.01，说明当地品种 A 和引进品种 B 的千粒重差异极显著。具体为引进品种 B 的千粒重极显著高于当地品种 A 的千粒重。

## 第二节　两个样本平均数的假设检验

根据已知的两个样本的数据信息检验两个样本所在的两个总体平均数

是否相同，检验方法因试验设计不同分为非配对设计两个样本平均数的假设检验和配对设计两个样本平均数的假设检验，又称为成组数据的比较和成对数据的比较。

### 一、非配对设计两个样本平均数的假设检验

【例题 2-2】比较两种氮肥施用方式对小麦盆栽试验的影响，完全随机排列，得到产量数据如表 2-3 所示。

表 2-3　两种氮肥施用方式下小麦盆栽产量

| 施肥方式 | 产量 | | | | | |
| --- | --- | --- | --- | --- | --- | --- |
| 基施 | 12.6 | 13.0 | 12.4 | 12.8 | 13.0 | 11.9 |
| 追施 | 13.1 | 13.5 | 12.7 | 13.4 | 13.3 | |

（一）SPSS 法

1. 启动 SPSS 软件，并建立数据文件，如图 2-6 所示。

图 2-6　小麦盆栽产量数据文件

2. 单击【分析】、【比较均值】、【独立样本 T 检验】，将被检测变量产量输入到检验变量一栏中；将施肥方式作为分组变量，输入到分组变量一栏中，单击【定义组】，在组 1 和组 2 中分别输入 1 和 2，单击【继续】，如图 2-7 所示。其他选项值保持默认。

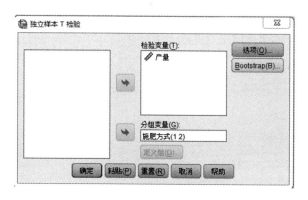

**图 2-7 独立样本 T 检验对话框**

3. 单击【确定】，输出结果如表 2-4 和表 2-5 所示。

**表 2-4 组间统计量**

| | 施肥方式 | N | 均值 | 标准差 | 均值的标准误 |
|---|---|---|---|---|---|
| 产量 | 1.00 | 6 | 12.6167 | 0.42151 | 0.17208 |
| | 2.00 | 5 | 13.2000 | 0.31623 | 0.14142 |

**表 2-5 独立样本检验**

| | | 方差方程的 Levene 检验 | | 均值方程的 t 检验 | | | | | | |
|---|---|---|---|---|---|---|---|---|---|---|
| | | F | Sig. | t | df | Sig.（双侧） | 均值差值 | 标准误差值 | 差分的 95% 置信区间 | |
| | | | | | | | | | 下限 | 上限 |
| 产量 | 假设方差相等 | 0.362 | 0.562 | -2.546 | 9 | 0.031 | -0.58333 | 0.22910 | -1.10160 | -0.06507 |
| | 假设方差不相等 | | | -2.619 | 8.938 | 0.028 | -0.58333 | 0.22274 | -1.08773 | -0.07894 |

表 2-4 显示了组间一般统计量的描述结果。由表 2-5 可知，方差齐性检验（Levene 检验）F=0.362，p 值为 0.562，大于 0.05，可以认为两组样本的方差同质（差异不显著）。因此，只选用方差相等这一行的检验结果（t=-2.546，p=0.031），表明两种氮肥施用方式下小麦盆栽产量差异显著。若方差齐性检验的 p 值小于 0.05，则认为两组样本的方差不同质，选用方差不相等这一行的测验结果（近似 t 检验法）。

（二）Origin 法

1. 启动 Origin 软件并建立数据文件，如图 2-8 所示。

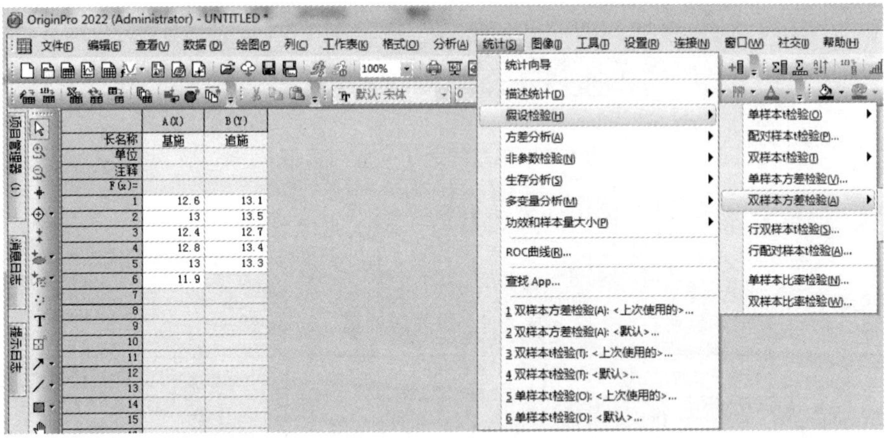

**图 2-8 小麦盆栽产量数据文件**

2. 首先进行双样本的方差同质性检验。单击【统计】、【假设检验】、【双样本方差检验】，在第一个数据范围收缩栏中选择"基施"；在第二个数据范围收缩栏中选择"追施"，如图 2-9 所示。其他选项值保持默认。

3. 单击【确定】，输出结果如图 2-10 所示。结果表明，F=1.777，p 值为 0.598，大于 0.05，可以认为两组样本的方差差异不显著。

4. 回到数据窗口。单击【统计】、【假设检验】、【双样本 t 检验】，在第一个数据范围收缩栏中选择"基施"；在第二个数据范围收缩栏中选择"追施"，如图 2-11 所示。其他选项值保持默认。

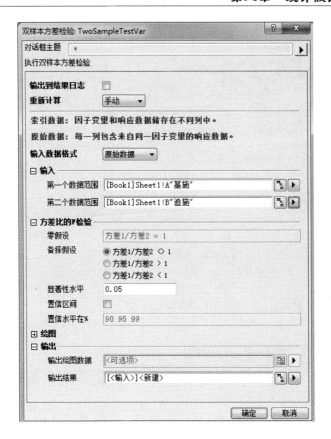

图 2-9 双样本方差检验对话框

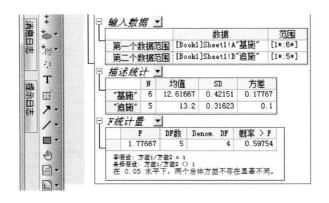

图 2-10 双样本方差检验结果

**图 2-11　双样本 t 检验对话框**

5. 单击【确定】，输出结果如图 2-12 所示。

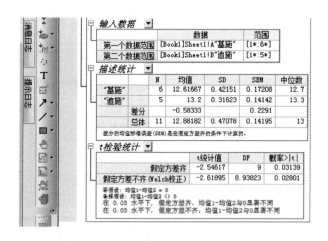

**图 2-12　双样本 t 检验结果**

本例题中由于只选用方差相等这一行的测验结果（t = − 2.546，p = 0.031），因此，结果表明两种氮肥施用方式下小麦盆栽产量差异显著。

### 二、配对设计两个样本平均数的假设检验

【例题 2-3】在 6 个试验场进行玉米的磷肥肥效试验，选取生长期、发育进度和土壤肥力等条件均比较一致的试验点（试验区面积相等），每个点上布置施磷和不施磷两种处理，不同处理玉米产量如表 2-6 所示。试检验施磷对玉米产量是否有显著影响。

表 2-6　施用磷肥对玉米产量的影响

| 施肥处理 | 玉米产量 | | | | | |
|---|---|---|---|---|---|---|
| 不施磷肥 | 127 | 130 | 121 | 125 | 131 | 142 |
| 施磷肥 | 147 | 161 | 159 | 134 | 168 | 171 |

（一）SPSS 法

1. 启动 SPSS 软件，并建立数据文件，如图 2-13 所示。

| 不施磷肥 | 施磷肥 |
|---|---|
| 127 | 147 |
| 130 | 161 |
| 121 | 159 |
| 125 | 134 |
| 131 | 168 |
| 142 | 171 |

图 2-13　玉米产量数据文件

2. 单击【分析】、【比较均值】、【配对样本 T 检验】，按住 Ctrl 键，同时点选不施磷肥和施磷肥，将它们输入到成对变量栏中，如图 2-14 所示。其他选项值保持默认。

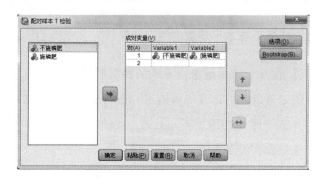

**图 2-14　配对样本 T 检验对话框**

3. 单击【确认】，输出结果如表 2-7 所示。

**表 2-7　成对样本统计量**

| | | 均值 | N | 标准差 | 均值的标准误 |
|---|---|---|---|---|---|
| 对 1 | 不施磷肥 | 129.33 | 6 | 7.174 | 2.929 |
| | 施磷肥 | 156.67 | 6 | 13.895 | 5.673 |

结果如表 2-8 所示，t=-6.045，p 值为 0.002，小于 0.01，表明不施磷肥和施磷肥处理下玉米产量差异极显著，具体为施磷肥的玉米产量极显著高于不施磷肥的玉米产量。

**表 2-8　成对样本检验**

| | | 成对差分 | | | | | t | df | Sig.（双侧） |
|---|---|---|---|---|---|---|---|---|---|
| | | 均值 | 标准差 | 均值的标准误 | 差分的95%置信区间 | | | | |
| | | | | | 下限 | 上限 | | | |
| 对 1 | 不施磷肥-施磷肥 | -27.333 | 11.075 | 4.522 | -38.956 | -15.710 | -6.045 | 5 | 0.002 |

（二）Origin 法

1. 建立 Origin 软件数据文件，如图 2-15 所示。

**图 2-15　玉米产量数据文件**

2. 单击【统计】、【假设检验】、【配对样本 t 检验】，在第一个数据范围收缩栏中选择"不施磷肥"；在第二个数据范围收缩栏中选择"施磷肥"，如图 2-16 所示。其他选项值保持默认。

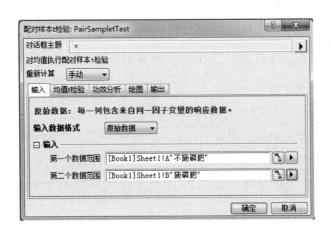

**图 2-16　配对样本 t 检验对话框**

3. 单击【确定】，输出结果如图 2-17 所示。

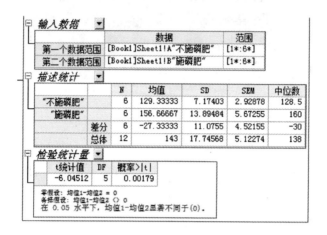

图 2-17　配对样本 t 检验结果

结果同 SPSS，即，t=-6.045，p 值为 0.002，小于 0.01，表明不施磷肥和施磷肥处理下玉米产量差异极显著。

4. 可以利用 Origin 软件的 App 插件直接进行绘图。将数据整理成图 2-18 的格式。单击 Origin 软件右侧 Apps，选择 Paired Comparison Plot 插件（此插件需提前在 Origin 官网下载安装），如图 2-19 所示。

5. 在 Paired Comparison Plot 插件对话框中，点选 Data Column 一栏后的黑色箭头选中玉米产量，作为柱状图的数据轴；点选 Group Columns 一栏后的黑箭头选中磷肥处理，作为柱状图的分类轴。在 Plot Type 中有柱状图、点线图、箱线图供选择；在显著性标记（Significance Mark）中有显示字母、星号、p 值等供选择；在 Error Bar in 选项中有标准差和标准误两个选项；在 Mean Comparison Methods（均值比较方式）中有 Tukey、Fisher LSD 等方法供选择，如图 2-20 所示。其他选项可保持默认或根据需要自行设定。

| | A(X) | B(Y) |
|---|---|---|
| 长名称 | 磷肥处理 | 玉米产量（kg） |
| 单位 | | |
| 注释 | | |
| F(x)= | | |
| 1 | 不施磷肥 | 127 |
| 2 | 不施磷肥 | 130 |
| 3 | 不施磷肥 | 121 |
| 4 | 不施磷肥 | 125 |
| 5 | 不施磷肥 | 131 |
| 6 | 不施磷肥 | 142 |
| 7 | 施磷肥 | 147 |
| 8 | 施磷肥 | 161 |
| 9 | 施磷肥 | 159 |
| 10 | 施磷肥 | 134 |
| 11 | 施磷肥 | 168 |
| 12 | 施磷肥 | 171 |
| 13 | | |

图 2-18 玉米产量数据文件

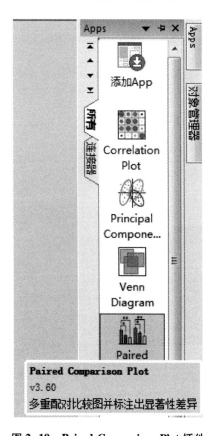

图 2-19 Paired Comparison Plot 插件

图 2-20　Paired Comparison Plot 插件对话框

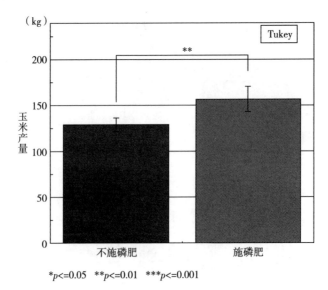

$*p<=0.05$　$**p<=0.01$　$***p<=0.001$

图 2-21　通过插件绘制的柱状图

6. 单击【OK】，输出结果如图 2-21 所示。可在软件中继续对图形的各要素进行编辑，此处不再详述。

# 习 题

1. 某大麦良种的株高 $\mu_0$ 为 85cm，现自外地引入一高产品种，测得 8 个样点株高分别为 90cm、85cm、87cm、93cm、91cm、76cm、83cm、82cm。问：新引入品种的株高与当地良种有无显著差异？

2. 选取生长发育进度等各方面均比较一致的相邻的两个小区（面积相同）的玉米幼苗配成一对，共 6 对，每对中一个小区喷施生长素 A，另一个小区喷施生长素 B，试检验喷施两种生长素的玉米幼苗株高是否有差异（见表 1）。

**表 1　喷施两种生长素的玉米幼苗株高**

| 对别 | 1 | 2 | 3 | 4 | 5 | 6 |
|---|---|---|---|---|---|---|
| 喷生长素 A 的株高（cm） | 10.0 | 11.2 | 12.1 | 10.5 | 11.1 | 9.8 |
| 喷生长素 B 的株高（cm） | 9.5 | 10.5 | 11.8 | 9.5 | 12.0 | 8.8 |

3. 表 2 中数据为某棉花品种在两种氮水平下的各性状观察值，试对各性状进行描述性统计，并绘制统计图，标注两种氮水平的差异显著性。

**表 2　某棉花品种在两种氮水平下的各性状观察值**

| 株高（cm） | | 含氮量（%） | | 植株氮积累量（mg） | |
|---|---|---|---|---|---|
| 高氮 | 低氮 | 高氮 | 低氮 | 高氮 | 低氮 |
| 24.52 | 24.78 | 3.61 | 1.67 | 1.36 | 0.52 |
| 27.66 | 27.84 | 3.59 | 1.55 | 1.65 | 0.62 |
| 19.32 | 16.44 | 3.84 | 1.63 | 1.11 | 0.56 |

| 株高（cm） | | 含氮量（%） | | 植株氮积累量（mg） | |
| --- | --- | --- | --- | --- | --- |
| 22.82 | 26.04 | 4.01 | 1.97 | 1.27 | 0.72 |
| 20.70 | 17.02 | 3.89 | 1.49 | 1.44 | 0.42 |
| 19.50 | 16.04 | 3.73 | 1.53 | 1.29 | 0.50 |
| 20.26 | 19.08 | 4.07 | 1.86 | 1.41 | 0.62 |
| 20.90 | 15.80 | 3.87 | 1.49 | 1.64 | 0.52 |
| 22.44 | 23.74 | 4.22 | 1.39 | 1.75 | 0.47 |
| 22.66 | 23.36 | 3.67 | 1.61 | 1.37 | 0.66 |

# 第三章 单因素试验资料的方差分析

　　"方差分析法是一种在若干能相互比较的资料中把产生变异的原因加以区分开来的方法与技术"。这种方法将 k 个处理的观测值作为一个整体看待，把观测值总变异的平方和与自由度分解为相应于不同变异来源的平方和与自由度，进而获得不同变异来源总体方差估计值；通过计算这些总体方差估计值的适当比值，检验各样本所属总体平均数是否相同。

　　方差分析实质上是观测值变异原因的数量分析，它在农学、生物学研究中应用十分广泛。方差分析的基本步骤可归纳为：第一，计算各项平方和与自由度；第二，列出方差分析表，进行 F 检验；第三，多重比较。

　　试验资料因试验因素多少、试验设计方法的不同而有很多类型。对不同类型的试验资料进行方差分析，在详略、繁简上有所不同，但方差分析的基本原理与步骤是相同的。

## 第一节　单因素完全随机试验资料的方差分析

　　单因素完全随机试验设计资料的方差分析是最简单、最基本的一种。根据各处理重复数是否相等可分为各处理重复数相等和各处理重复数不等两种类别。【例题 3-1】以各处理重复数相等的数据资料为例，各处理重复数不等的资料的方差分析步骤相同，仅数据输入时稍有不同。

【例题 3-1】于小麦苗期施以五种氮肥处理，其中氮肥 1 为对照，于成熟期每处理随机挑选 6 株测定株高（cm），观测值如表 3-1 所示。检验不同氮肥处理下小麦平均株高是否有差异。

表 3-1　不同氮肥处理下小麦株高观测值

| 氮肥种类 | 观测值 | | | | | |
|---|---|---|---|---|---|---|
| 氮肥 1 | 67 | 68 | 67 | 71 | 72 | 65 |
| 氮肥 2 | 74 | 78 | 81 | 79 | 83 | 77 |
| 氮肥 3 | 87 | 83 | 89 | 80 | 85 | 84 |
| 氮肥 4 | 92 | 90 | 90 | 91 | 88 | 87 |
| 氮肥 5 | 93 | 85 | 91 | 89 | 83 | 92 |

## 一、SPSS 法

1. 启动 SPSS 软件，并建立数据文件，如图 3-1 所示。

|  | 氮肥 | 株高 |  |  |  |
|---|---|---|---|---|---|
| 1 | 1 | 67 | 16 | 3 | 80 |
| 2 | 1 | 68 | 17 | 3 | 85 |
| 3 | 1 | 67 | 18 | 3 | 84 |
| 4 | 1 | 71 | 19 | 4 | 92 |
| 5 | 1 | 72 | 20 | 4 | 90 |
| 6 | 1 | 65 | 21 | 4 | 90 |
| 7 | 2 | 74 | 22 | 4 | 91 |
| 8 | 2 | 78 | 23 | 4 | 88 |
| 9 | 2 | 81 | 24 | 4 | 87 |
| 10 | 2 | 79 | 25 | 5 | 93 |
| 11 | 2 | 83 | 26 | 5 | 85 |
| 12 | 2 | 77 | 27 | 5 | 91 |
| 13 | 3 | 87 | 28 | 5 | 89 |
| 14 | 3 | 83 | 29 | 5 | 83 |
| 15 | 3 | 89 | 30 | 5 | 92 |

图 3-1　小麦株高数据文件

2. 单击【分析】、【比较均值】、【单因素 ANOVA】，在因变量栏中输入"株高"，在因子一栏中输入"氮肥"，如图 3-2 所示。

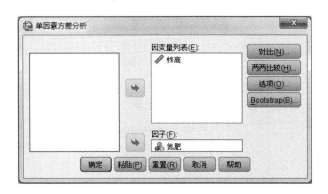

**图 3-2 单因素方差分析对话框**

3. 单击【两两比较】，此处为选择多重比较的方法。本例题以 Duncan 法（又称 SSR 法、新复极差法）为例，勾选 Duncan 法前的单选框，如图 3-3 所示，此时系统默认的显著水平为 0.05，如需 0.01 的显著水平可在此对话框中修改。其他选项值保持默认。

**图 3-3 两两比较对话框**

4. 单击【继续】、【选项】，此处根据需要勾选统计量，本例题选择描述性、方差同质性检验，如图 3-4 所示。单击【继续】。

图 3-4　单因素 ANOVA 选项对话框

5. 单击【确定】，输出结果，不同氮肥处理下小麦株高的描述性统计结果如表 3-2 所示。

表 3-2　描述性统计分析结果

株高

| | N | 均值 | 标准差 | 标准误 | 均值的95%置信区间 | | 极小值 | 极大值 |
|---|---|---|---|---|---|---|---|---|
| | | | | | 下限 | 上限 | | |
| 1 | 6 | 68.33 | 2.658 | 1.085 | 65.54 | 71.12 | 65 | 72 |
| 2 | 6 | 78.67 | 3.141 | 1.282 | 75.37 | 81.96 | 74 | 83 |
| 3 | 6 | 84.67 | 3.141 | 1.282 | 81.37 | 87.96 | 80 | 89 |

续表

|  | N | 均值 | 标准差 | 标准误 | 均值的95%置信区间 | | 极小值 | 极大值 |
|---|---|---|---|---|---|---|---|---|
|  |  |  |  |  | 下限 | 上限 |  |  |
| 4 | 6 | 89.67 | 1.862 | 0.760 | 87.71 | 91.62 | 87 | 92 |
| 5 | 6 | 88.83 | 4.021 | 1.641 | 84.61 | 93.05 | 83 | 93 |
| 总数 | 30 | 82.03 | 8.499 | 1.552 | 78.86 | 85.21 | 65 | 93 |

表 3-3 为方差齐性检验结果，p 值为 0.462，因此，可以认为各处理的总体方差相等，满足方差一致性的前提条件。

### 表3-3　方差齐性检验

株高

| Levene 统计量 | df1 | df2 | 显著性 |
|---|---|---|---|
| 0.930 | 4 | 25 | 0.462 |

由表 3-4 可以看出，组间平方和为 1862.800，误差平方和为 232.167，总平方和为 2094.967，F 值为 50.147，p 值小于 0.01，说明不同氮肥处理下小麦株高差异显著，需进一步做各处理间的多重比较。

### 表3-4　不同氮肥处理下株高方差分析表

株高

|  | 平方和 | df | 均方 | F | 显著性 |
|---|---|---|---|---|---|
| 组间 | 1862.800 | 4 | 465.700 | 50.147 | 0.000 |
| 组内 | 232.167 | 25 | 9.287 |  |  |
| 总数 | 2094.967 | 29 |  |  |  |

表 3-5 为不同处理下株高的多重比较结果。处于同一列的均值在显著水平为 0.05 时差异不显著，处于不同列内的均值在显著水平为 0.05 时差异显著。

表 3-5　不同处理下株高的多重比较结果

Duncan[a]

| 氮肥 | N | Alpha=0.05 的子集 | | | |
|---|---|---|---|---|---|
| | | 1 | 2 | 3 | 4 |
| 1 | 6 | 68.33 | | | |
| 2 | 6 | | 78.67 | | |
| 3 | 6 | | | 84.67 | |
| 5 | 6 | | | | 88.83 |
| 4 | 6 | | | | 89.67 |
| 显著性 | | 1.000 | 1.000 | 1.000 | 0.640 |

按照多重比较标记字母法，处于最大平均值 89.67 所在列的均值后均可标注 a（见表 3-5），其后的倒数第二列的均值后标注 b，以此类推，直至所有均值都标记字母，结果如表格 3-6 所示。

表 3-6　不同处理下株高的多重比较表（SSR 法）

| 氮肥处理 | 平均值 | 显著性（$\alpha=0.05$） |
|---|---|---|
| 氮肥 4 | 89.67 | a |
| 氮肥 5 | 88.83 | a |
| 氮肥 3 | 84.67 | b |
| 氮肥 2 | 78.67 | c |
| 氮肥 1 | 68.33 | d |

## 二、Origin 法

1. 启动 Origin 软件，并建立数据文件，如图 3-5 所示。

| | A(X) | B(Y) |
|---|---|---|
| 长名称 | 氮肥 | 株高 |
| 单位 | | |
| 注释 | | |
| F(x)= | | |
| 1 | 1 | 67 |
| 2 | 1 | 68 |
| 3 | 1 | 67 |
| 4 | 1 | 71 |
| 5 | 1 | 72 |
| 6 | 1 | 65 |
| 7 | 2 | 74 |
| 8 | 2 | 78 |
| 9 | 2 | 81 |
| 10 | 2 | 79 |
| 11 | 2 | 83 |
| 12 | 2 | 77 |
| 13 | 3 | 87 |
| 14 | 3 | 83 |
| 15 | 3 | 89 |
| 16 | 3 | 80 |
| 17 | 3 | 85 |
| 18 | 3 | 84 |
| 19 | 4 | 92 |
| 20 | 4 | 90 |
| 21 | 4 | 90 |
| 22 | 4 | 91 |
| 23 | 4 | 88 |
| 24 | 4 | 87 |
| 25 | 5 | 93 |
| 26 | 5 | 85 |
| 27 | 5 | 91 |
| 28 | 5 | 89 |
| 29 | 5 | 83 |
| 30 | 5 | 92 |

图 3-5 小麦株高数据文件

2. 单击【统计】、【方差分析】、【单因素方差分析】，打开对话框，如图 3-6 所示。在数据输入的因子数据收缩栏中选择"氮肥"；在数据收缩栏中选择"株高"，其他选项值保持默认。单击【均值比较】，按需要选择合适的均值比较方法，此例选择 Tukey 和 Fisher LSD 法，如图 3-7 所示。

3. 同样在此对话框中单击【方差齐性检验】，本例题选择第一种检验方法，如图 3-8 所示，其他选项值保持默认。再单击【绘图】，根据需要选择合适的输出图形，如图 3-9 所示，其他选项值保持默认。

4. 最后单击【确定】，输出结果，如图 3-10 至图 3-14 所示。结果和 SPSS 软件基本一致，此处不再详述。但 Origin 和 SPSS 软件在均值比较方法中有不同，使得多重比较字母标记结果有个别差异，因此在具体展示统计分析结果时需明确标出所采用的方法及显著水平。

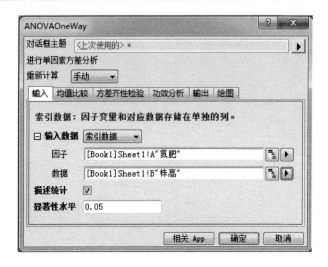

图 3-6    单因素方差分析对话框（数据输入）

图 3-7    单因素方差分析对话框（均值比较）

图 3-8　单因素方差分析对话框（方差齐性检验）

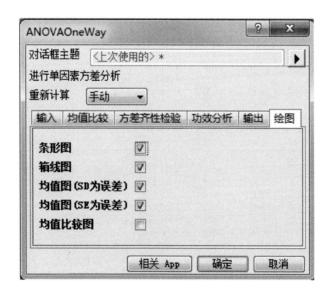

图 3-9　单因素方差分析对话框（绘图）

图 3-10　描述统计和总体方差分析表

### 描述统计

| | 分析数量 | 缺失值数量 | 均值 | 标准差 | 均值SE |
|---|---|---|---|---|---|
| 1 | 6 | 0 | 68.33333 | 2.65832 | 1.08525 |
| 2 | 6 | 0 | 78.66667 | 3.14113 | 1.28236 |
| 3 | 6 | 0 | 84.66667 | 3.14113 | 1.28236 |
| 4 | 6 | 0 | 89.66667 | 1.8619 | 0.76012 |
| 5 | 6 | 0 | 88.83333 | 4.02078 | 1.64148 |

### 方差分析

#### 总体方差分析

| | DF | 平方和 | 均方 | F值 | 概率＞F |
|---|---|---|---|---|---|
| 模型 | 4 | 1862.8 | 465.7 | 50.14716 | 1.38388E-11 |
| 误差 | 25 | 232.16667 | 9.28667 | | |
| 总计 | 29 | 2094.96667 | | | |

零假设：所有群组的均值相同。
备择假设：一个或者多个群组的均值是不同的。
在0.05水平下，总体均值是显著不同的。

#### 拟合统计量

| R平方 | 变异系数 | 均方根误差 | 数据均值 |
|---|---|---|---|
| 0.88918 | 0.03715 | 3.0474 | 82.03333 |

图 3-10　描述统计和总体方差分析表

### 均值比较

#### Tukey检验

| 均值差分 | | SEM | q值 | 概率 | Alpha | Sig | 置信区间下限 | 置信区间上限 |
|---|---|---|---|---|---|---|---|---|
| 2 | 1 | 10.33333 | 1.75942 | 8.30589 | 3.65036E-5 | 0.05 | 1 | 5.16615 | 15.50052 |
| 3 | 1 | 16.33333 | 1.75942 | 13.12866 | 4.19216E-8 | 0.05 | 1 | 11.16615 | 21.50052 |
| 3 | 2 | 6 | 1.75942 | 4.82277 | 0.01715 | 0.05 | 1 | 0.83281 | 11.16719 |
| 4 | 1 | 21.33333 | 1.75942 | 17.14764 | 1.98325E-8 | 0.05 | 1 | 16.16615 | 26.50052 |
| 4 | 2 | 11 | 1.75942 | 8.84175 | 1.42085E-5 | 0.05 | 1 | 5.83281 | 16.16719 |
| 4 | 3 | 5 | 1.75942 | 4.01898 | 0.0613 | 0.05 | 0 | -0.16719 | 10.16719 |
| 5 | 1 | 20.5 | 1.75942 | 16.47781 | 2.1183E-8 | 0.05 | 1 | 15.33281 | 25.66719 |
| 5 | 2 | 10.16667 | 1.75942 | 8.17192 | 4.62957E-5 | 0.05 | 1 | 4.99948 | 15.33385 |
| 5 | 3 | 4.16667 | 1.75942 | 3.34915 | 0.15738 | 0.05 | 0 | -1.00052 | 9.33385 |
| 5 | 4 | -0.83333 | 1.75942 | 0.66983 | 0.98908 | 0.05 | 0 | -6.00052 | 4.33385 |

#### Fisher检验

| 均值差分 | | SEM | t值 | 概率 | Alpha | Sig | 置信区间下限 | 置信区间上限 |
|---|---|---|---|---|---|---|---|---|
| 2 | 1 | 10.33333 | 1.75942 | 5.87315 | 3.97491E-6 | 0.05 | 1 | 6.70974 | 13.95692 |
| 3 | 1 | 16.33333 | 1.75942 | 9.28337 | 1.40687E-9 | 0.05 | 1 | 12.70974 | 19.95692 |
| 3 | 2 | 6 | 1.75942 | 3.41022 | 0.00221 | 0.05 | 1 | 2.37641 | 9.62359 |
| 4 | 1 | 21.33333 | 1.75942 | 12.12521 | 5.74804E-12 | 0.05 | 1 | 17.70974 | 24.95692 |
| 4 | 2 | 11 | 1.75942 | 6.25206 | 1.53367E-6 | 0.05 | 1 | 7.37641 | 14.62359 |
| 4 | 3 | 5 | 1.75942 | 2.84185 | 0.0088 | 0.05 | 1 | 1.37641 | 8.62359 |
| 5 | 1 | 20.5 | 1.75942 | 11.65157 | 1.34731E-11 | 0.05 | 1 | 16.87641 | 24.12359 |
| 5 | 2 | 10.16667 | 1.75942 | 5.77842 | 5.05403E-6 | 0.05 | 1 | 6.54308 | 13.79026 |
| 5 | 3 | 4.16667 | 1.75942 | 2.36821 | 0.02592 | 0.05 | 1 | 0.54308 | 7.79026 |
| 5 | 4 | -0.83333 | 1.75942 | -0.47364 | 0.63987 | 0.05 | 0 | -4.45692 | 2.79026 |

Sig等于1表明在0.05水平下，均值是显著不同的。
Sig等于0表明在0.05水平下，均值并非显著不同的。

图 3-11　Tukey 和 Fisher LSD 均值比较结果

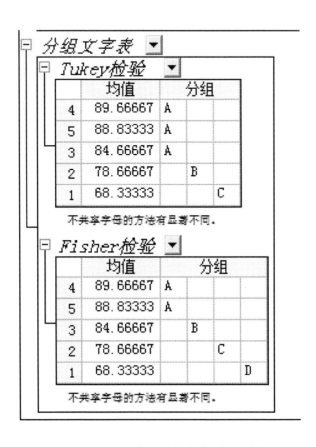

图 3-12　两种均值比较方法下的字母标记法结果

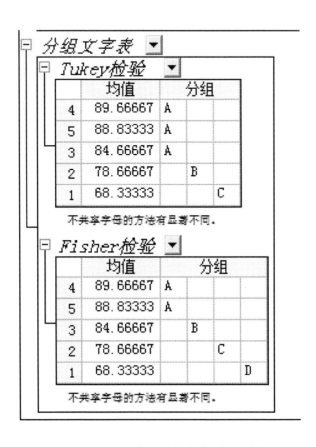

图 3-13　方差齐性检验结果

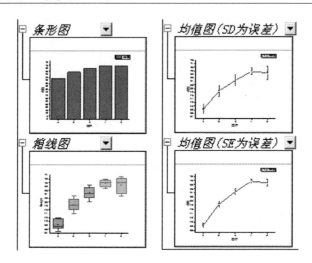

**图 3-14  输出的条形图、箱线图和均值图结果**

5. 将 Origin 软件中 Paired Comparison Plot 插件作柱形图和箱线图，分别表示各氮肥处理与对照氮肥 1 之间的比较，以及 5 个氮肥处理之间的两两比较（见图 3-15）。

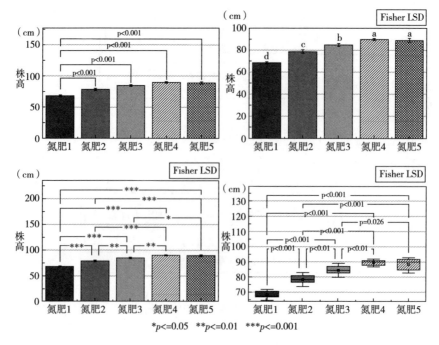

**图 3-15  各氮肥处理下小麦株高**

# 第二节　单因素随机区组试验资料的方差分析

【例题 3-2】有一个玉米品种比较试验，有 5 个供试品种为 A、B、C、D、E，其中 A 为对照品种，5 次重复，随机区组设计，小区产量结果如表 3-7 所示，对结果进行方差分析。

表 3-7　玉米小区产量结果

| 品种 | 区组 | | | | |
|---|---|---|---|---|---|
| | I | II | III | IV | V |
| A（CK） | 20.1 | 20.0 | 19.4 | 19.6 | 20.2 |
| B | 14.0 | 15.8 | 13.6 | 13.2 | 15.2 |
| C | 19.2 | 20.3 | 20.9 | 21.1 | 21.2 |
| D | 14.2 | 14.9 | 15.2 | 15.8 | 17.8 |
| E | 20.6 | 18.6 | 19.3 | 17.8 | 18.2 |

## 一、SPSS 法

1. 启动 SPSS 软件，并建立数据文件，如图 3-16 所示。此处，单因素随机区组试验设计数据资料的方差分析可将区组看成一个因素，因此，本例实际就变成了品种和区组两因素无重复观察值的方差分析。

2. 单击【分析】、【一般线性模型】、【单变量】，在因变量栏中输入产量，在固定因子一栏中输入区组、品种，如图 3-17 所示。

3. 单击【模型】，将区组和品种填入模型对话框，如图 3-18 所示。

4. 单击【继续】，再单击【两两比较】，此处为选择多重比较的方法。本例题以 Duncan 法和 LSD 法为例，勾选 LSD 法和 Duncan 法前的单选框，如图 3-19 所示。其他选项值保持默认。

| | 品种 | 区组 | 产量 |
|---|---|---|---|
| 1 | 1.00 | 1.00 | 20.10 |
| 2 | 1.00 | 2.00 | 20.00 |
| 3 | 1.00 | 3.00 | 19.40 |
| 4 | 1.00 | 4.00 | 19.60 |
| 5 | 1.00 | 5.00 | 20.20 |
| 6 | 2.00 | 1.00 | 14.00 |
| 7 | 2.00 | 2.00 | 15.80 |
| 8 | 2.00 | 3.00 | 13.60 |
| 9 | 2.00 | 4.00 | 13.20 |
| 10 | 2.00 | 5.00 | 15.20 |
| 11 | 3.00 | 1.00 | 19.20 |
| 12 | 3.00 | 2.00 | 20.30 |
| 13 | 3.00 | 3.00 | 20.90 |
| 14 | 3.00 | 4.00 | 21.10 |
| 15 | 3.00 | 5.00 | 21.20 |
| 16 | 4.00 | 1.00 | 14.20 |
| 17 | 4.00 | 2.00 | 14.90 |
| 18 | 4.00 | 3.00 | 15.20 |
| 19 | 4.00 | 4.00 | 15.80 |
| 20 | 4.00 | 5.00 | 17.80 |
| 21 | 5.00 | 1.00 | 20.60 |
| 22 | 5.00 | 2.00 | 18.60 |
| 23 | 5.00 | 3.00 | 19.30 |
| 24 | 5.00 | 4.00 | 17.80 |
| 25 | 5.00 | 5.00 | 18.20 |

图 3-16　玉米产量数据文件

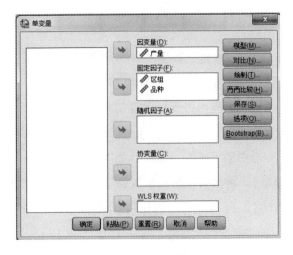

图 3-17　单变量对话框

图 3-18 单变量：模型对话框

图 3-19 单变量：两两比较对话框

5. 单击【继续】，再单击【选项】，将品种填入显示均值对话框，在输出框中根据需要选择，本例题以输出描述统计为例，如图 3-20 所示，此时系统默认的显著水平为 0.05，如需 0.01 的显著水平可在此对话框中修改。其他选项值保持默认。

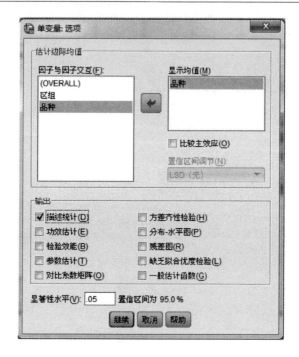

**图 3-20  单变量：选项对话框**

6. 单击【确定】，输出结果。

由表 3-8 可知，区组的 F 值为 0.771，p 值大于 0.05，说明五个区组间土壤肥力差异不显著；品种的 F 值为 34.804，p 值小于 0.01，说明不同品种玉米产量差异极显著，需进一步做各品种间的多重比较。

**表 3-8  主体间效应的检验**

因变量：产量

| 源 | Ⅲ型平方和 | df | 均方 | F | Sig. |
|---|---|---|---|---|---|
| 校正模型 | 151.849 | 8 | 18.981 | 17.788 | 0.000 |
| 截距 | 7963.778 | 1 | 7963.778 | 7463.010 | 0.000 |
| 区组 | 3.290 | 4 | 0.823 | 0.771 | 0.560 |
| 品种 | 148.558 | 4 | 37.140 | 34.804 | 0.000 |
| 误差 | 17.074 | 16 | 1.067 | | |
| 总计 | 8132.700 | 25 | | | |
| 校正的总计 | 168.922 | 24 | | | |

表3-9为不同品种产量的多重比较结果。均值差值一列数字后的"＊"说明 p 值为 0.05 水平时，平均值之间的显著性。Sig. 值一列的数字说明，当 Sig. 值大于 0.05 时对应的两个均值差异不显著，Sig. 值小于 0.05 时，对应的两个均值差异显著，该结果和均值差值一列数字后的"＊"的结果是一致的。

### 表3-9　LSD法多重比较结果

因变量：产量

| | (I) 品种 | (J) 品种 | 均值差值 (I-J) | 标准误差 | Sig. | 95%置信区间 | |
|---|---|---|---|---|---|---|---|
| | | | | | | 下限 | 上限 |
| LSD | 1 | 2 | 5.5000＊ | 0.65333 | 0 | 4.115 | 6.885 |
| | | 3 | −0.68 | 0.65333 | 0.313 | −2.065 | 0.705 |
| | | 4 | 4.2800＊ | 0.65333 | 0 | 2.895 | 5.665 |
| | | 5 | 0.96 | 0.65333 | 0.161 | −0.425 | 2.345 |
| | 2 | 1 | −5.5000＊ | 0.65333 | 0 | −6.885 | −4.115 |
| | | 3 | −6.1800＊ | 0.65333 | 0 | −7.565 | −4.795 |
| | | 4 | −1.22 | 0.65333 | 0.08 | −2.605 | 0.165 |
| | | 5 | −4.5400＊ | 0.65333 | 0 | −5.925 | −3.155 |
| | 3 | 1 | 0.68 | 0.65333 | 0.313 | −0.705 | 2.065 |
| | | 2 | 6.1800＊ | 0.65333 | 0 | 4.795 | 7.565 |
| | | 4 | 4.9600＊ | 0.65333 | 0 | 3.575 | 6.345 |
| | | 5 | 1.6400＊ | 0.65333 | 0.023 | 0.255 | 3.025 |
| | 4 | 1 | −4.2800＊ | 0.65333 | 0 | −5.665 | −2.895 |
| | | 2 | 1.22 | 0.65333 | 0.08 | −0.165 | 2.605 |
| | | 3 | −4.9600＊ | 0.65333 | 0 | −6.345 | −3.575 |
| | | 5 | −3.3200＊ | 0.65333 | 0 | −4.705 | −1.935 |
| | 5 | 1 | −0.96 | 0.65333 | 0.161 | −2.345 | 0.425 |
| | | 2 | 4.5400＊ | 0.65333 | 0 | 3.155 | 5.925 |
| | | 3 | −1.6400＊ | 0.65333 | 0.023 | −3.025 | −0.255 |
| | | 4 | 3.3200＊ | 0.65333 | 0 | 1.935 | 4.705 |

通过表 3-9 的结果也可以直观得出各品种与对照品种平均产量的比较，如表 3-10 所示。仅品种 C 比对照增产，但差异不显著，品种 E、品种 D、品种 B 较对照减产，其中品种 D 和品种 B 较对照显著减产。另外，可通过分析过程的选项，将显著水平改为 0.01，分析 0.01 水平下的差异结果。此部分不再详述。

表 3-10　各品种与对照品种平均产量的比较表（LSD 法）

| 品种 | 平均产量 | 与对照品种的比较 |
| --- | --- | --- |
| C | 20.54 | +0.68 |
| A（CK） | 19.86 | — |
| E | 18.9 | −0.96 |
| D | 15.58 | −4.28* |
| B | 14.36 | −5.5* |

如表 3-11 所示，处于同一列的均值在显著水平为 0.05 时差异不显著，处于不同列内的均值在显著水平为 0.05 时差异显著。可将该结果通过字母标记法整理，如表 3-12 所示。

表 3-11　各品种平均产量多重比较表

| | 品种 | N | 子集 | | |
| --- | --- | --- | --- | --- | --- |
| | | | 1 | 2 | 3 |
| | 2.00 | 5 | 14.3600 | | |
| | 4.00 | 5 | 15.5800 | | |
| Duncan Alpha=0.05 | 5.00 | 5 | | 18.9000 | |
| | 1.00 | 5 | | 19.8600 | 19.8600 |
| | 3.00 | 5 | | | 20.5400 |
| | Sig. | | 0.080 | 0.161 | 0.313 |

表 3-12　不同品种产量的多重比较表（SSR 法）

| 品种 | 平均产量 | 显著性（α=0.05） |
| --- | --- | --- |
| C | 20.54 | a |
| A（CK） | 19.86 | ab |
| E | 18.9 | b |
| D | 15.58 | c |
| B | 14.36 | c |

## 二、Origin 法

Origin 法中单因素随机区组试验设计数据资料的方差分析类似于 SPSS 处理方法，即将区组看成一个因素，实际就变成了品种和区组两因素无重复观察值的方差分析，此处不再详述，具体参考第三节。

# 第三节　拉丁方试验数据的方差分析

拉丁方设计具有两向局部控制功能，可以从两个方向消除土壤差异对试验的影响，在总变异的分解上比随机区组设计多一项区组间变异，试验的精确性比随机区组设计高。

【例题 3-3】有一个棉花不同时期施用氮肥的比较试验，设 5 个处理：A 不施氮肥（对照），B 播种期施氮肥，C 出苗期施氮肥，D 现蕾期施氮肥，E 开花期施氮肥。采用 5×5 拉丁方设计，成熟期收获计产，数据如表 3-13 所示。

## 一、SPSS 法

1. 启动 SPSS 软件，并建立数据文件，如图 3-21 所示。

表 3-13　5×5 拉丁方设计的棉花施肥试验产量

| 横行区组 | 直列区组 | | | | |
|---|---|---|---|---|---|
| | I | II | III | IV | V |
| I | C　17.2 | A　12.8 | B　16.6 | E　11.2 | D　16.2 |
| II | A　11.0 | D　17.0 | E　11.0 | C　16.4 | B　15.2 |
| III | E　12.2 | C　16.4 | D　17.0 | B　15.6 | A　10.6 |
| IV | D　18.0 | B　16.2 | C　16.6 | A　10.2 | E　12.8 |
| V | B　14.8 | E　14.8 | A　14.2 | D　18.2 | C　17.2 |

| | 处理间 | 列区组间 | 行区组间 | 产量 |
|---|---|---|---|---|
| 1 | 3 | 1 | 1 | 17.2 |
| 2 | 1 | 2 | 1 | 12.8 |
| 3 | 2 | 3 | 1 | 16.6 |
| 4 | 5 | 4 | 1 | 11.2 |
| 5 | 4 | 5 | 1 | 16.2 |
| 6 | 1 | 1 | 2 | 11.0 |
| 7 | 4 | 2 | 2 | 17.0 |
| 8 | 5 | 3 | 2 | 11.0 |
| 9 | 3 | 4 | 2 | 16.4 |
| 10 | 2 | 5 | 2 | 15.2 |
| 11 | 5 | 1 | 3 | 12.2 |
| 12 | 3 | 2 | 3 | 16.4 |
| 13 | 4 | 3 | 3 | 17.0 |
| 14 | 2 | 4 | 3 | 15.6 |
| 15 | 1 | 5 | 3 | 10.6 |
| 16 | 4 | 1 | 4 | 18.0 |
| 17 | 2 | 2 | 4 | 16.2 |
| 18 | 3 | 3 | 4 | 16.6 |
| 19 | 1 | 4 | 4 | 10.2 |
| 20 | 5 | 5 | 4 | 12.8 |
| 21 | 2 | 1 | 5 | 14.8 |
| 22 | 5 | 2 | 5 | 14.8 |
| 23 | 1 | 3 | 5 | 14.2 |
| 24 | 4 | 4 | 5 | 18.2 |
| 25 | 3 | 5 | 5 | 17.2 |

图 3-21　棉花产量数据文件

2. 单击【分析】、【一般线性模型】、【单变量】，在因变量栏中输入产量，在固定因子一栏中输入行区组间、列区组间、处理间，如图 3-22 所示。

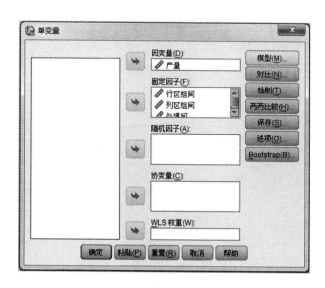

**图 3-22　单变量对话框**

3. 单击【模型】，将行区组间、列区组间、处理间填入模型对话框，如图 3-23 所示。

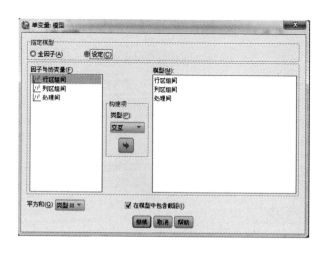

**图 3-23　单变量：模型对话框**

4. 单击【继续】，再单击【两两比较】，此处为选择多重比较的方法。本例题仅分析处理间均值即可，以 Duncan 法为例，勾选 Duncan 法前的单选框，如图 3-24 所示。其他选项值保持默认。

**图 3-24　单变量：两两比较对话框**

5. 单击【继续】，再单击【确定】，输出结果。

由图 3-25 可知，处理间的 F 值为 29.609，p 值小于 0.01，说明不同氮肥处理棉花平均产量差异极显著。

主体间效应的检险

因变量:产量

| 源 | Ⅲ型平方和 | df | 均方 | F | Sig. |
|---|---|---|---|---|---|
| 校正模型 | 142.013ᵃ | 12 | 11.834 | 10.880 | .000 |
| 截距 | 5458.254 | 1 | 5458.254 | 5018.008 | .000 |
| 行区组间 | 8.682 | 4 | 2.170 | 1.995 | .159 |
| 列区组间 | 4.506 | 4 | 1.126 | 1.036 | .429 |
| 处理间 | 128.826 | 4 | 32.206 | 29.609 | .000 |
| 误差 | 13.053 | 12 | 1.088 | | |
| 总计 | 5613.320 | 25 | | | |
| 校正的总计 | 155.066 | 24 | | | |

a. R方=.916（调整R方=.832）

**图 3-25　主体间效应的检验**

如图 3-26 所示，多重比较结果表明，氮肥处理 4，即现蕾期施氮肥棉花产量最高，不施氮肥产量最低。

产量

Duncan[a,b]

| 处理间 | N | 子集 | | |
|---|---|---|---|---|
| | | 1 | 2 | 3 |
| 1.00 | 5 | 11.7600 | | |
| 5.00 | 5 | 12.4000 | | |
| 2.00 | 5 | | 15.6800 | |
| 3.00 | 5 | | 16.7600 | 16.7600 |
| 4.00 | 5 | | | 17.2800 |
| Sig. | | .351 | .128 | .446 |

**图 3-26　不同氮肥处理下棉花平均产量多重比较**

## 二、Origin 法

1. 启动 Origin 软件，并建立数据文件，如图 3-27 所示。

2. 单因素拉丁方设计有横行区组、直列区组和处理，因此在方差分析过程中可将其看作三因素。单击【统计】、【方差分析】、【三因素方差分析】，打开对话框，在输入数据的因子 A 数据收缩栏中选择"行区组间"；在输入数据的因子 B 数据收缩栏中选择"列区组间"；在输入数据的因子 C 数据收缩栏中选择"处理间"；在数据收缩栏中选择"产量"，勾选交互后的选择框，如图 3-28 所示。其他选项值保持默认。

3. 单击【模型】，去掉系统默认的各效应，因为本例题是单因素试验，如图 3-29 所示。

4. 单击【均值比较】，按需要选择合适的均值比较方法，本例题选择 Fisher LSD 法。单击【确定】，输出结果。

本例题结果的描述和 SPSS 软件类似，通过单击均值比较的折叠框可以查看详细结果，如图 3-30 所示。此处不再详述。

| 长名称 | A(X) | B(Y) | C(Y) | D(Y) |
|---|---|---|---|---|
| | 处理间 | 列区组间 | 行区组间 | 产量 |
| 单位 | | | | |
| 注释 | | | | |
| F(x)= | | | | |
| 1 | 3 | 1 | 1 | 17.2 |
| 2 | 1 | 2 | 1 | 12.8 |
| 3 | 2 | 3 | 1 | 16.6 |
| 4 | 5 | 4 | 1 | 11.2 |
| 5 | 4 | 5 | 1 | 16.2 |
| 6 | 1 | 1 | 2 | 11 |
| 7 | 4 | 2 | 2 | 17 |
| 8 | 5 | 3 | 2 | 11 |
| 9 | 3 | 4 | 2 | 16.4 |
| 10 | 2 | 5 | 2 | 15.2 |
| 11 | 5 | 1 | 3 | 12.2 |
| 12 | 3 | 2 | 3 | 16.4 |
| 13 | 4 | 3 | 3 | 17 |
| 14 | 2 | 4 | 3 | 15.6 |
| 15 | 1 | 5 | 3 | 10.6 |
| 16 | 4 | 1 | 4 | 18 |
| 17 | 2 | 2 | 4 | 16.2 |
| 18 | 3 | 3 | 4 | 16.6 |
| 19 | 1 | 4 | 4 | 10.2 |
| 20 | 5 | 5 | 4 | 12.8 |
| 21 | 2 | 1 | 5 | 14.8 |
| 22 | 5 | 2 | 5 | 14.8 |
| 23 | 1 | 3 | 5 | 14.2 |
| 24 | 4 | 4 | 5 | 18.2 |
| 25 | 3 | 5 | 5 | 17.2 |

图 3-27 棉花产量数据文件

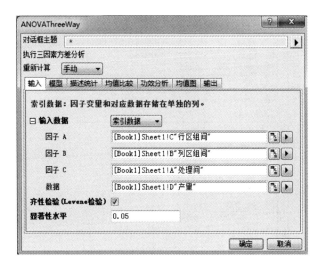

**图3-28 三因素方差分析数据输入对话框**

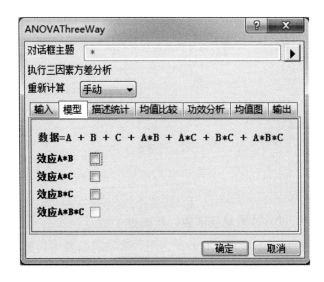

**图3-29 三因素方差分析模型对话框**

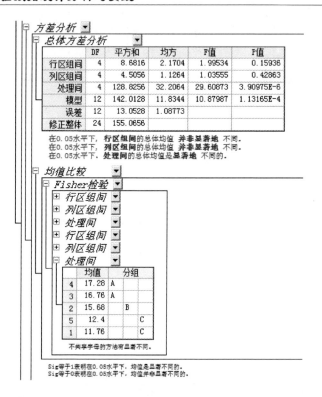

**图 3-30  总体方差分析及处理间均值多重比较结果**

# 习　题

1. 有 5 个玉米品种的盆栽试验，各品种产量（g/盆）如表 1 所示，检验不同玉米品种平均产量是否有差异，用 SSR 法进行各平均数多重比较。

2. 测定施用 5 种肥料（A）于 4 种土壤类型（B）的棉花小区产量（kg），得出结果如表 2 所示，试作方差分析，并作 SSR 法多重比较。

表1　5个玉米品种的盆栽试验产量

| 品种 | 产量（g/盆） | | | |
|------|------|------|------|------|
| A1 | 16 | 12 | 18 | 18 |
| A2 | 10 | 13 | 11 | 9 |
| A3 | 11 | 8 | 9 | 6 |
| A4 | 13 | 11 | 15 | 10 |
| A5 | 10 | 15 | 9 | 12 |

表2　施用5种肥料于4种土壤类型的棉花小区产量

| 肥料种类 | 土壤类型 | | | |
|------|------|------|------|------|
| | B1 | B2 | B3 | B4 |
| A1 | 12 | 10 | 9 | 11 |
| A2 | 13 | 14 | 12 | 15 |
| A3 | 12 | 11 | 8 | 13 |
| A4 | 10 | 13 | 11 | 12 |
| A5 | 8 | 12 | 10 | 8 |

3. 有5个A、B、C、D、E玉米品种比较试验，其中E为对照，采用 5×5的拉丁方设计，小区计产面积为45m²，其田间排列和籽粒产量（kg/45m²）如表3所示，试作方差分析。

表3　田间排列和籽粒产量

| C10. 1 | B8. 0 | A6. 0 | D5. 3 | E8. 6 |
|------|------|------|------|------|
| D4. 7 | A6. 2 | E8. 2 | B7. 9 | C9. 8 |
| B7. 8 | C10. 3 | D4. 7 | E8. 1 | A6. 5 |
| A6. 9 | E8. 5 | B8. 3 | C11. 3 | D4. 2 |
| E8. 1 | D4. 4 | C10. 8 | A6. 5 | B8. 7 |

4. 有一饲草小黑麦比较试验，4个供试品种为A、B、C、D，重复3次、随机区组设计，小区计产面积为30m²，田间排列和小区生物学产量

（kg）如表4所示，试作方差分析。

表4　田间排列和小区生物学产量

| A302 | C221 | D216 | B261 | I |
|------|------|------|------|-----|
| D218 | B277 | A309 | C225 | II |
| B264 | D219 | C2279 | A312 | III |

# 第四章  两因素试验资料的方差分析

两因素交叉分组完全随机设计试验资料是以各处理是单个观测值还是有重复观测值，再分为两种类型。两因素单个观测值试验只适用于两个因素，无交互作用的情况，若两因素有交互作用，则每个水平组合只实施在一个试验单位上的设计是不正确的或不完整的，因此，在进行两因素或多因素试验时，一般应设置重复，以便正确估计试验误差，研究因素间的交互作用。

两因素交叉分组完全随机设计无重复观测值试验资料的方差分析可参考第三章单因素随机区组设计的分析方法，本章直接介绍有重复观测值的两因素交叉分组试验资料的方差分析。

## 第一节  两因素交叉分组完全随机设计有重复观测值试验资料的方差分析

对两因素有重复观测值试验资料的分析，能研究因素的简单效应、主效应和因素间的互作效应。

【例题 4-1】为了研究不同的氮肥和磷肥施肥水平对玉米产量的影响，将氮肥设置 3 个水平，磷肥设置 5 个水平，重复 4 次，完全随机设计，成熟期收获数据如表4-1所示。试分析氮肥和磷肥对玉米产量的影响。

表4-1 不同氮肥（A）和磷肥（B）处理下玉米产量结果（kg/小区）

|  | B1 | B2 | B3 | B4 | B5 |
|---|---|---|---|---|---|
| A1 | 51 | 49 | 59 | 57 | 47 |
|  | 55 | 47 | 57 | 57 | 47 |
|  | 49 | 45 | 57 | 59 | 49 |
|  | 49 | 55 | 59 | 57 | 45 |
| A2 | 57 | 53 | 59 | 61 | 53 |
|  | 57 | 51 | 59 | 65 | 55 |
|  | 53 | 49 | 57 | 63 | 53 |
|  | 55 | 47 | 61 | 61 | 51 |
| A3 | 63 | 63 | 67 | 67 | 57 |
|  | 63 | 65 | 63 | 65 | 55 |
|  | 65 | 65 | 71 | 63 | 59 |
|  | 61 | 67 | 67 | 67 | 57 |

## 一、SPSS 法

1. 启动 SPSS 软件，并建立数据文件，如图4-1所示。

2. 单击【分析】、【一般线性模型】、【单变量】，在因变量栏中输入产量，在固定因子一栏中输入氮肥、磷肥，如图4-2所示。

3. 单击【模型】，将氮肥、磷肥、氮肥＊磷肥（按住 Ctrl 键同时选择氮肥和磷肥）填入模型对话框，如图4-3所示。

4. 单击【继续】，再单击【两两比较】，此处为选择多重比较的方法。本例题以 Duncan 法为例，勾选 Duncan 法前的单选框，如图4-4所示。其他选项值保持默认。

| | 氮肥 | 磷肥 | 产量 | 处理组合 | 重复 |
|---|---|---|---|---|---|
| 1 | 1 | 1 | 51 | 11 | 1 |
| 2 | 1 | 1 | 55 | 11 | 2 |
| 3 | 1 | 1 | 49 | 11 | 3 |
| 4 | 1 | 1 | 49 | 11 | 4 |
| 5 | 1 | 2 | 49 | 12 | 1 |
| 6 | 1 | 2 | 47 | 12 | 2 |
| 7 | 1 | 2 | 45 | 12 | 3 |
| 8 | 1 | 2 | 55 | 12 | 4 |
| 9 | 1 | 3 | 59 | 13 | 1 |
| 10 | 1 | 3 | 57 | 13 | 2 |
| 11 | 1 | 3 | 57 | 13 | 3 |
| 12 | 1 | 3 | 59 | 13 | 4 |
| 13 | 1 | 4 | 57 | 14 | 1 |
| 14 | 1 | 4 | 57 | 14 | 2 |
| 15 | 1 | 4 | 59 | 14 | 3 |
| 16 | 1 | 4 | 57 | 14 | 4 |
| 17 | 1 | 5 | 47 | 15 | 1 |
| 18 | 1 | 5 | 47 | 15 | 2 |
| 19 | 1 | 5 | 49 | 15 | 3 |
| 20 | 1 | 5 | 45 | 15 | 4 |

| | | | | | |
|---|---|---|---|---|---|
| 21 | 2 | 1 | 57 | 21 | 1 |
| 22 | 2 | 1 | 57 | 21 | 2 |
| 23 | 2 | 1 | 53 | 21 | 3 |
| 24 | 2 | 1 | 55 | 21 | 4 |
| 25 | 2 | 2 | 53 | 22 | 1 |
| 26 | 2 | 2 | 51 | 22 | 2 |
| 27 | 2 | 2 | 49 | 22 | 3 |
| 28 | 2 | 2 | 47 | 22 | 4 |
| 29 | 2 | 3 | 59 | 23 | 1 |
| 30 | 2 | 3 | 59 | 23 | 2 |
| 31 | 2 | 3 | 57 | 23 | 3 |
| 32 | 2 | 3 | 61 | 23 | 4 |
| 33 | 2 | 4 | 61 | 24 | 1 |
| 34 | 2 | 4 | 65 | 24 | 2 |
| 35 | 2 | 4 | 63 | 24 | 3 |
| 36 | 2 | 4 | 61 | 24 | 4 |
| 37 | 2 | 5 | 53 | 25 | 1 |
| 38 | 2 | 5 | 55 | 25 | 2 |
| 39 | 2 | 5 | 53 | 25 | 3 |
| 40 | 2 | 5 | 51 | 25 | 4 |

| | | | | | |
|---|---|---|---|---|---|
| 41 | 3 | 1 | 63 | 31 | 1 |
| 42 | 3 | 1 | 63 | 31 | 2 |
| 43 | 3 | 1 | 65 | 31 | 3 |
| 44 | 3 | 1 | 61 | 31 | 4 |
| 45 | 3 | 2 | 63 | 32 | 1 |
| 46 | 3 | 2 | 65 | 32 | 2 |
| 47 | 3 | 2 | 65 | 32 | 3 |
| 48 | 3 | 2 | 67 | 32 | 4 |
| 49 | 3 | 3 | 67 | 33 | 1 |
| 50 | 3 | 3 | 63 | 33 | 2 |
| 51 | 3 | 3 | 71 | 33 | 3 |
| 52 | 3 | 3 | 67 | 33 | 4 |
| 53 | 3 | 4 | 67 | 34 | 1 |
| 54 | 3 | 4 | 65 | 34 | 2 |
| 55 | 3 | 4 | 63 | 34 | 3 |
| 56 | 3 | 4 | 67 | 34 | 4 |
| 57 | 3 | 5 | 55 | 35 | 1 |
| 58 | 3 | 5 | 55 | 35 | 2 |
| 59 | 3 | 5 | 59 | 35 | 3 |
| 60 | 3 | 5 | 57 | 35 | 4 |

图 4-1 玉米产量数据文件

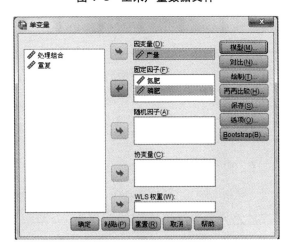

图 4-2 单变量对话框

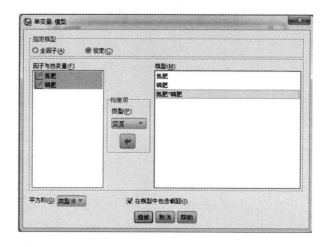

**图4-3　单变量：模型对话框**

**图4-4　单变量：两两比较对话框**

5. 单击【确定】，输出结果。

由图4-5可知，氮肥的F值为129.205，p值小于0.01，说明不同氮肥水平下玉米平均产量差异极显著；磷肥的F值为42.375，p值小于0.01，说明不同磷肥水平下玉米平均产量差异极显著；氮肥与磷肥的交互作用F值为5.148，p值小于0.01，说明氮磷肥的交互作用对玉米产量有极显著影响。因此还需进一步做不同氮肥水平、不同磷肥水平、不同氮磷肥水平组合下玉米平均产量的多重比较。

主体间效应的检验

因变量:产量

| 源 | Ⅲ型平方和 | df | 均方 | F | Sig. |
|---|---|---|---|---|---|
| 校正模型 | 2293.333ᵃ | 14 | 163.810 | 33.506 | .000 |
| 截距 | 197226.667 | 1 | 197226.667 | 40341.818 | .000 |
| 氮肥 | 1263.333 | 2 | 631.667 | 129.205 | .000 |
| 磷肥 | 828.667 | 4 | 207.167 | 42.375 | .000 |
| 氮肥*磷肥 | 201.333 | 8 | 25.167 | 5.148 | .000 |
| 误差 | 220.000 | 45 | 4.889 | | |
| 总计 | 199740.000 | 60 | | | |
| 校正的总计 | 2513.333 | 59 | | | |

a. R方=.912（调整R方=.885）

**图4-5　主体间效应的检验**

如图4-6所示，氮肥A3的玉米产量最高，显著高于氮肥A2和A1的平均产量；氮肥A2的平均产量显著高于氮肥A1的平均产量。此处检验结果为Duncan法，显著水平为0.05，如需0.01的显著水平可在之前对话框中修改。字母标记法结果此处不再详述，可参考单因素方差分析结果介绍。

产量

Duncanᵃ,ᵇ

| 氮肥 | N | 子集 | | |
|---|---|---|---|---|
| | | 1 | 2 | 3 |
| 1 | 20 | 52.50 | | |
| 2 | 20 | | 56.00 | |
| 3 | 20 | | | 63.50 |
| Sig. | | 1.000 | 1.000 | 1.000 |

已显示同类子集中的组均值。
基于观测到的均值。
误差项为均值方（错误）=4.889。

a. 使用调和均值样本大小=20.000。
b. Alpha=.05。

**图4-6　不同氮肥水平下玉米平均产量多重比较**

如图4-7所示，磷肥B4的玉米产量最高，与B3差异不显著，但显著高于磷肥B1、B2和B5的平均产量。此处检验结果为Duncan法，显著水平为0.05。

产量

Duncan[a,b]

| 磷肥 | N | 子集 | | | |
|---|---|---|---|---|---|
| | | 1 | 2 | 3 | 4 |
| 5 | 12 | 52.33 | | | |
| 2 | 12 | | 54.67 | | |
| 1 | 12 | | | 56.50 | |
| 3 | 12 | | | | 61.33 |
| 4 | 12 | | | | 61.83 |
| Sig. | | 1.000 | 1.000 | 1.000 | .582 |

已显示同类子集中的组均值。
基于观测到的均值。
误差项为均值方（错误）=4.889。
a. 使用调和均值样本大小=12.000。
b. Alpha =.05。

**图4-7 不同磷肥水平下玉米平均产量多重比较**

6. 由于前一部分方差分析结果中氮磷肥的交互作用对玉米产量有极显著影响，此处进行不同氮磷肥水平组合下玉米平均产量的方差分析和多重比较。在前一部分数据的基础上，单击【分析】、【一般线性模型】、【单变量】，在因变量栏中输入产量，在固定因子一栏中输入处理组合、重复，如图4-8所示。

7. 单击【模型】，将处理组合、重复填入模型对话框，如图4-9所示。

8. 单击【继续】，再单击【两两比较】，此处为选择多重比较的方法。本例题以Duncan法为例，勾选Duncan法前的单选框，如图4-10所示。其他选项值保持默认。

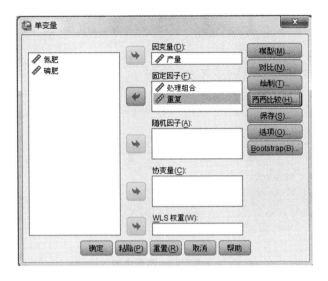

图 4-8  单变量对话框

图 4-9  单变量：模型对话框

图4-10　单变量：两两比较对话框

9. 单击【继续】，再单击【确定】，输出结果。

由图4-11可知，处理组合的F值为31.463，p值小于0.01，说明不同氮磷肥水平组合下玉米平均产量差异极显著，此结果和上一部分方差分析中氮磷肥互作效应差异极显著的结果一致。因此，进一步做不同氮磷肥水平组合下玉米平均产量的多重比较。

主体间效应的检验

因变量:产量

| 源 | III 型平方和 | df | 均方 | F | Sig. |
|---|---|---|---|---|---|
| 校正模型 | 2294.667[a] | 17 | 134.980 | 25.926 | .000 |
| 截距 | 197226.667 | 1 | 197226.667 | 37881.951 | .000 |
| 处理组合 | 2293.333 | 14 | 163.810 | 31.463 | .000 |
| 重复 | 1.333 | 3 | .444 | .085 | .968 |
| 误差 | 218.667 | 42 | 5.206 | | |
| 总计 | 199740.000 | 60 | | | |
| 校正的总计 | 2513.333 | 59 | | | |

a. R方=.913（调整R方=.878）

图4-11　主体间效应的检验

如图 4-12 所示，氮磷肥水平组合 $A_3B_3$ 的玉米平均产量最高，$A_1B_5$ 的产量最低。此处检验结果为 Duncan 法，显著水平为 0.05，其余不再详述。

产量

Duncan[a,b]

| 处理组合 | N | 子集 | | | | | | |
|---|---|---|---|---|---|---|---|---|
| | | 1 | 2 | 3 | 4 | 5 | 6 | 7 |
| 15 | 4 | 47.00 | | | | | | |
| 12 | 4 | 49.00 | 49.00 | | | | | |
| 22 | 4 | 50.00 | 50.00 | 50.00 | | | | |
| 11 | 4 | | 51.00 | 51.00 | | | | |
| 25 | 4 | | | 53.00 | 53.00 | | | |
| 21 | 4 | | | | 55.50 | 55.50 | | |
| 35 | 4 | | | | | 57.00 | | |
| 14 | 4 | | | | | 57.50 | | |
| 13 | 4 | | | | | 58.00 | | |
| 23 | 4 | | | | | 59.00 | | |
| 24 | 4 | | | | | | 62.50 | |
| 31 | 4 | | | | | | 63.00 | |
| 32 | 4 | | | | | | 65.00 | 65.00 |
| 34 | 4 | | | | | | 65.50 | 65.50 |
| 33 | 4 | | | | | | | 67.00 |
| Sig. | | .085 | .250 | .085 | .129 | .058 | .096 | .250 |

已显示同类子集中的组均值。

基于观测到的均值。

误差项为均值方（错误）=5.206。

a. 使用调和均值样本大小=4.000。

b. Alpha =.05。

**图 4-12　不同氮磷肥水平组合下玉米平均产量的多重比较**

## 二、Origin 法

1. 启动 Origin 软件，并建立数据文件，如图 4-13 所示。

2. 单击【统计】、【方差分析】、【双因素方差分析】，打开对话框，如图 4-14 所示。在数据输入的因子 A 数据收缩栏中选择"氮肥"；在数据输入的因子 B 数据收缩栏中选择"磷肥"；在数据收缩栏中选择"产量"，勾选交互后的选择框。其他选项值保持默认。

| | A(X) | B(Y) | C(Y) |
|---|---|---|---|
| 长名称 | 氮肥 | 磷肥 | 产量 |
| 单位 | | | |
| 注释 | | | |
| F(x)= | | | |
| 16 | 1 | 4 | 57 |
| 17 | 1 | 5 | 47 |
| 18 | 1 | 5 | 47 |
| 19 | 1 | 5 | 49 |
| 20 | 1 | 5 | 45 |
| 21 | 2 | 1 | 57 |
| 22 | 2 | 1 | 57 |
| 23 | 2 | 1 | 53 |
| 24 | 2 | 1 | 55 |
| 25 | 2 | 2 | 53 |
| 26 | 2 | 2 | 51 |
| 27 | 2 | 2 | 49 |
| 28 | 2 | 2 | 47 |
| 29 | 2 | 3 | 59 |
| 30 | 2 | 3 | 59 |
| 31 | 2 | 3 | 57 |
| 32 | 2 | 3 | 61 |
| 33 | 2 | 4 | 61 |

| 34 | 2 | 4 | 65 |
|---|---|---|---|
| 35 | 2 | 4 | 63 |
| 36 | 2 | 4 | 61 |
| 37 | 2 | 5 | 53 |
| 38 | 2 | 5 | 55 |
| 39 | 2 | 5 | 53 |
| 40 | 2 | 5 | 51 |
| 41 | 3 | 1 | 63 |
| 42 | 3 | 1 | 63 |
| 43 | 3 | 1 | 65 |
| 44 | 3 | 1 | 61 |
| 45 | 3 | 2 | 63 |
| 46 | 3 | 2 | 65 |
| 47 | 3 | 2 | 65 |
| 48 | 3 | 2 | 67 |
| 49 | 3 | 3 | 67 |
| 50 | 3 | 3 | 63 |
| 51 | 3 | 3 | 71 |
| 52 | 3 | 3 | 67 |
| 53 | 3 | 4 | 67 |
| 54 | 3 | 4 | 65 |
| 55 | 3 | 4 | 63 |
| 56 | 3 | 4 | 67 |
| 57 | 3 | 5 | 57 |
| 58 | 3 | 5 | 55 |
| 59 | 3 | 5 | 59 |
| 60 | 3 | 5 | 57 |

图 4-13　玉米产量数据文件

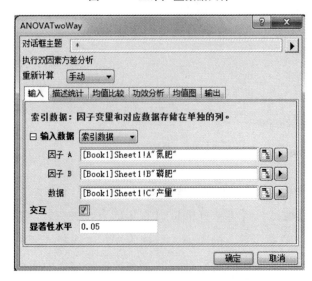

图 4-14　双因素方差分析数据输入对话框

3. 单击【均值比较】，按需要选择合适的均值比较方法，本例题选择 Fisher LSD 法。单击【输出】，可根据需要选择不同输出内容，本例题中此选项保持默认。单击【确定】，输出结果。

Origin 软件可以一次性输出总体方差分析结果和不同氮肥、磷肥及水平组合下玉米平均产量多重比较结果，通过单击均值比较的折叠框可以查看详细结果。本例题结果的描述和 SPSS 软件类似，如图 4-15 和图 4-16 所示，此处不再详述。

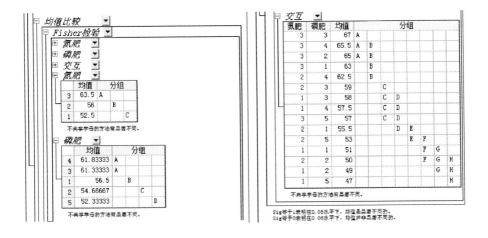

**图 4-15　总体方差分析结果**

**图 4-16　不同氮肥、磷肥及水平组合下玉米平均产量多重比较结果**

4. 通过 Origin 软件中 Paired Comparison Plot 插件做不同类型柱状图, 可反映不同的分析结果, 如图 4-17 至图 4-20 所示。同时可在软件中更改图表类型或继续对图形的各要素进行编辑, 此处不再详述。本例题中, 图 4-17 和图 4-18 分别为氮肥和磷肥两因素主效应的比较; 图 4-19 为氮肥和磷肥各水平上简单效应的比较; 图 4-20 为各水平组合间的比较 (此图在 Paired Comparison Plot 插件作图过程中需勾选互作 Interaction 选型并以标记字母的形式作图)。

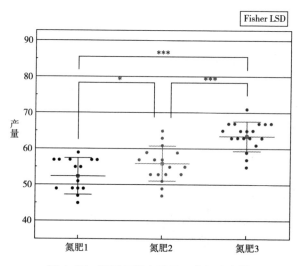

**图 4-17 不同氮肥水平下玉米平均产量**

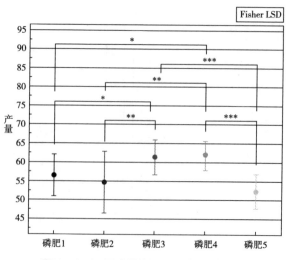

**图 4-18 不同磷肥水平下玉米平均产量**

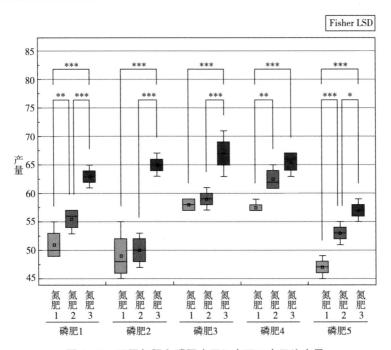

图 4-19 不同氮肥和磷肥水平组合下玉米平均产量

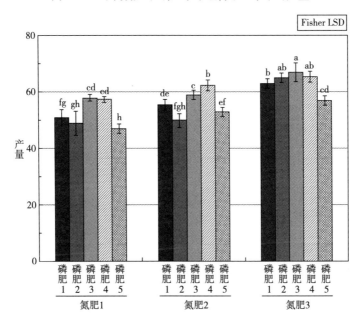

图 4-20 不同氮肥和磷肥水平组合下玉米平均产量

# 第二节　两因素随机区组试验数据的方差分析

两因素随机区组设计试验资料的总变异可分解为处理间（即水平组合）变异、区组间变异与误差 3 部分；而处理间变异又可再分解为 A 因素水平间变异、B 因素水平间变异和 A 因素与 B 因素的交互作用变异 3 个部分。

【例题 4-2】研究某种生长调节剂对大豆产量的影响，采用随机区组设计。其中生长调节剂为 A 因素，有 A1、A2、A3、A4 4 个水平，大豆品种为 B 因素，有 B1、B2 2 个水平，试验共 8 个水平组合，3 次重复。试验指标为产量（kg/小区），田间排列图及产量如表 4-2 所示。对试验资料进行方差分析。

表 4-2　生长调节剂和大豆品种两因素随机区组设计试验田间排列及产量

| $A_3B_2$ | $A_1B_2$ | $A_2B_1$ | $A_4B_1$ | $A_2B_2$ | $A_1B_1$ | $A_3B_1$ | $A_4B_2$ | |
|---|---|---|---|---|---|---|---|---|
| 17 | 19 | 35 | 31 | 37 | 21 | 35 | 19 | 区组Ⅰ |
| $A_2B_2$ | $A_1B_1$ | $A_4B_1$ | $A_1B_2$ | $A_3B_2$ | $A_2B_1$ | $A_4B_2$ | $A_3B_1$ | |
| 35 | 23 | 29 | 17 | 13 | 29 | 15 | 33 | 区组Ⅱ |
| $A_4B_1$ | $A_3B_2$ | $A_2B_1$ | $A_3B_1$ | $A_1B_1$ | $A_1B_2$ | $A_2B_2$ | $A_4B_2$ | |
| 27 | 11 | 21 | 29 | 23 | 23 | 31 | 13 | 区组Ⅲ |

## 一、SPSS 法

1. 启动 SPSS 软件，并建立数据文件，如图 4-21 所示。

2. 单击【分析】、【一般线性模型】、【单变量】，在因变量栏中输入产量，在固定因子一栏中输入生长调节剂、大豆品种和区组，如图 4-22 所示。

| | 产量 | 生长调节剂 | 大豆品种 | 区组 | 处理组合 |
|---|---|---|---|---|---|
| 1 | 21 | 1 | 1 | 1 | 11 |
| 2 | 23 | 1 | 1 | 2 | 11 |
| 3 | 23 | 1 | 1 | 3 | 11 |
| 4 | 19 | 1 | 2 | 1 | 12 |
| 5 | 17 | 1 | 2 | 2 | 12 |
| 6 | 23 | 1 | 2 | 3 | 12 |
| 7 | 35 | 2 | 1 | 1 | 21 |
| 8 | 29 | 2 | 1 | 2 | 21 |
| 9 | 21 | 2 | 1 | 3 | 21 |
| 10 | 37 | 2 | 2 | 1 | 22 |
| 11 | 35 | 2 | 2 | 2 | 22 |
| 12 | 31 | 2 | 2 | 3 | 22 |
| 13 | 35 | 3 | 1 | 1 | 31 |
| 14 | 33 | 3 | 1 | 2 | 31 |
| 15 | 29 | 3 | 1 | 3 | 31 |
| 16 | 17 | 3 | 2 | 1 | 31 |
| 17 | 13 | 3 | 2 | 2 | 32 |
| 18 | 11 | 3 | 2 | 3 | 32 |
| 19 | 31 | 4 | 1 | 1 | 41 |
| 20 | 29 | 4 | 1 | 2 | 41 |
| 21 | 27 | 4 | 1 | 3 | 41 |
| 22 | 19 | 4 | 2 | 1 | 42 |
| 23 | 15 | 4 | 2 | 2 | 42 |
| 24 | 13 | 4 | 2 | 3 | 42 |

图 4-21 大豆产量数据文件

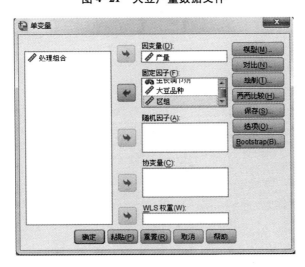

图 4-22 单变量对话框

农业试验数据统计分析与实践

3. 单击【模型】，将生长调节剂、大豆品种、大豆品种 * 生长调节剂、区组填入模型对话框，如图 4-23 所示。

**图 4-23　单变量：模型对话框**

4. 单击【继续】，再单击【两两比较】。本例题仅分析生长调节剂和大豆品种各水平均值即可，以 Duncan 法为例，勾选 Duncan 法前的单选框，其他选项值保持默认，如图 4-24 所示。

**图 4-24　单变量：两两比较对话框**

5. 单击【继续】，再单击【确定】，输出方差分析结果。

由图 4-25 可知，生长调节剂的 F 值为 15.199，p 值小于 0.01，说明不同生长调节剂水平下大豆平均产量差异极显著；大豆品种的 F 值为 35.558，p 值小于 0.01，说明不同大豆品种平均产量差异极显著；生长调节剂＊大豆品种的 F 值为 20.994，p 值小于 0.01，说明生长调节剂＊大豆品种交互作用极显著。还需对生长调节剂各水平、大豆品种各水平以及不同水平组合的平均产量进一步做多重比较。

主体间效应的检验

因变量:产量

| 源 | Ⅲ型平方和 | df | 均方 | F | Sig. |
|---|---|---|---|---|---|
| 校正模型 | 1330.500ᵃ | 9 | 147.833 | 17.058 | .000 |
| 截距 | 14308.167 | 1 | 14308.167 | 1650.942 | .000 |
| 生长调节剂 | 395.167 | 3 | 131.722 | 15.199 | .000 |
| 大豆品种 | 308.167 | 1 | 308.167 | 35.558 | .000 |
| 生长调节剂*大豆品种 | 545.833 | 3 | 181.944 | 20.994 | .000 |
| 区组 | 81.333 | 2 | 40.667 | 4.692 | .028 |
| 误差 | 121.333 | 14 | 8.667 | | |
| 总计 | 15760.000 | 24 | | | |
| 校正的总计 | 1451.833 | 23 | | | |

a. R方=.916（调整R方=.863）

**图 4-25 主体间效应的检验**

如图 4-26 和表 4-3 所示，多重比较结果表明，生长调节剂 2 的大豆平均产量最高，其他生长调节剂水平间大豆平均产量差异不显著。

6. 再进行一次方差分析，进行各水平组合平均产量的多重比较。此处不再详述。

7. 单击【分析】、【一般线性模型】、【单变量】，在因变量栏中输入产量，在固定因子一栏中输入处理组合、区组，如图 4-27 所示。

产量

Duncan[a,b]

| 生长调节剂 | N | 子集 | |
|---|---|---|---|
| | | 1 | 2 |
| 1 | 6 | 21.00 | |
| 4 | 6 | 22.33 | |
| 3 | 6 | 23.00 | |
| 2 | 6 | | 31.33 |
| Sig. | | .283 | 1.000 |

已显示同类子集中的组均值。
基于观测到的均值。
误差项为均值方（错误）=8.667。

a. 使用调和均值样本大小=6.000。
b. Alpha=0.05。

**图 4-26  不同氮肥水平下玉米平均产量多重比较**

**表 4-3  不同生长调节剂水平下大豆平均产量多重比较（字母标记法）**

| 生长调节剂 | 平均值 | 显著性（$\alpha = 0.05$） |
|---|---|---|
| 生长调节剂 2 | 31.33 | a |
| 生长调节剂 3 | 23.00 | b |
| 生长调节剂 4 | 22.33 | b |
| 生长调节剂 1 | 21.00 | b |

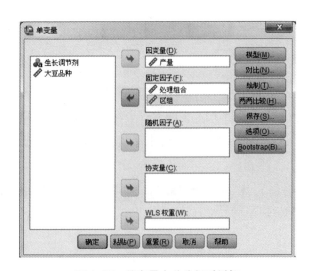

**图 4-27  单变量方差分析对话框**

8. 单击【模型】，将处理组合、区组填入模型对话框。

9. 单击【继续】，再单击【两两比较】。本题仅分析处理组合各水平均值即可，以 Duncan 法为例，勾选 Duncan 法前的单选框。其他选项值保持默认。

10. 单击【继续】，再单击【确定】，输出方差分析结果，如图 4-28 和图 4-29 所示。由图 4-29 可知，生长调节剂 2 和大豆品种 2 的水平组合下平均产量最高，生长调节剂 3 和大豆品种 2 的产量最低。此处检验结果为 Duncan 法，显著水平 0.05，其余不再详述。

主体间效应的检验

因变量:产量

| 源 | Ⅲ型平方和 | df | 均方 | F | Sig. |
|---|---|---|---|---|---|
| 校正模型 | 1117.256ᵃ | 9 | 124.140 | 5.194 | .003 |
| 截距 | 13113.067 | 1 | 13113.067 | 548.700 | .000 |
| 处理组合 | 1035.922 | 7 | 147.989 | 6.192 | .002 |
| 区组 | 27.756 | 2 | 13.878 | .581 | .572 |
| 误差 | 334.578 | 14 | 23.898 | | |
| 总计 | 15760.000 | 24 | | | |
| 校正的总计 | 1451.833 | 23 | | | |

a. R方=.770（调整R方=.621）

**图 4-28　主体间效应的检验**

产量

Duncanᵃ,ᵇ,ᶜ

| 处理组合 | N | 子集 | | | |
|---|---|---|---|---|---|
| | | 1 | 2 | 3 | 4 |
| 32 | 2 | 12.00 | | | |
| 42 | 3 | 15.67 | 15.67 | | |
| 12 | 3 | 19.67 | 19.67 | 19.67 | |
| 11 | 3 | | 22.33 | 22.33 | |
| 21 | 3 | | | 28.33 | 28.33 |
| 31 | 4 | | | 28.50 | 28.50 |
| 41 | 3 | | | 29.00 | 29.00 |
| 22 | 3 | | | | 34.33 |
| Sig. | | .093 | .140 | .055 | .193 |

**图 4-29　不同水平组合下大豆平均产量多重比较**

## 二、Origin 法

1. 启动 Origin 软件，并建立数据文件，如图 4-30 所示。

| 长名称 | A(X) 产量 | B(Y) 生长调节剂 | C(Y) 大豆品种 | D(Y) 区组 | E(Y) 处理组合 |
|---|---|---|---|---|---|
| 单位 | | | | | |
| 注释 | | | | | |
| F(x)= | | | | | |
| 1 | 21 | 1 | 1 | 1 | 11 |
| 2 | 23 | 1 | 1 | 2 | 11 |
| 3 | 23 | 1 | 1 | 3 | 11 |
| 4 | 19 | 1 | 2 | 1 | 12 |
| 5 | 17 | 1 | 2 | 2 | 12 |
| 6 | 23 | 1 | 2 | 3 | 12 |
| 7 | 35 | 2 | 1 | 1 | 21 |
| 8 | 29 | 2 | 1 | 2 | 21 |
| 9 | 21 | 2 | 1 | 3 | 21 |
| 10 | 37 | 2 | 2 | 1 | 22 |
| 11 | 35 | 2 | 2 | 2 | 22 |
| 12 | 31 | 2 | 2 | 3 | 22 |
| 13 | 35 | 3 | 1 | 1 | 31 |
| 14 | 33 | 3 | 1 | 2 | 31 |
| 15 | 29 | 3 | 1 | 3 | 31 |
| 16 | 17 | 3 | 2 | 1 | 31 |
| 17 | 13 | 3 | 2 | 2 | 32 |
| 18 | 11 | 3 | 2 | 3 | 32 |
| 19 | 31 | 4 | 1 | 1 | 41 |
| 20 | 29 | 4 | 1 | 2 | 41 |
| 21 | 27 | 4 | 1 | 3 | 41 |
| 22 | 19 | 4 | 2 | 1 | 42 |
| 23 | 15 | 4 | 2 | 2 | 42 |
| 24 | 13 | 4 | 2 | 3 | 42 |

**图 4-30 大豆产量数据文件**

2. 本例题随机区组设计有生长调节剂、大豆品种和区组（即重复），因此在方差分析过程中可将其看作三因素。单击【统计】、【方差分析】、【三因素方差分析】，打开对话框，如图 4-31 所示。在输入数据的因子 A 数据收缩栏中选择"生长调节剂"；在输入数据的因子 B 数据收缩栏中选择"大豆品种"；在输入数据的因子 C 数据收缩栏中选择"区组"；在数据收缩栏中选择"产量"。其他选项值保持默认。

3. 单击【模型】。根据两因素随机区组设计试验资料的数学模型，本例题仅勾选该对话框中效应 A * B，如图 4-32 所示。

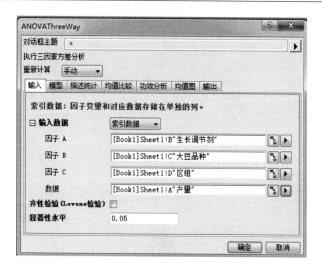

图 4-31 三因素方差分析数据输入对话框

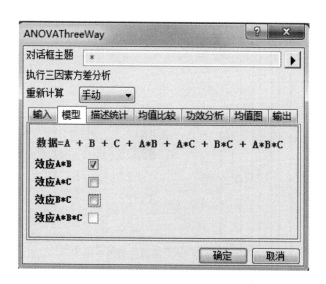

图 4-32 三因素方差分析模型对话框

4. 单击【均值比较】，按需要选择合适的均值比较方法，此例选择 Fisher LSD 法。单击【确定】，输出结果。

本例题结果的描述和 SPSS 软件类似，如图 4-33 和图 4-34 所示。通过单击均值比较的折叠框可以查看详细结果。此处不再详述。

方差分析 ▼

总体方差分析 ▼

| | DF | 平方和 | 均方 | F值 | P值 |
|---|---|---|---|---|---|
| 生长调节剂 | 3 | 395.16667 | 131.72222 | 15.19872 | 1.10551E-4 |
| 大豆品种 | 1 | 308.16667 | 308.16667 | 35.55769 | 3.46872E-5 |
| 区组 | 2 | 81.33333 | 40.66667 | 4.69231 | 0.02757 |
| 生长调节剂 * 大豆品种 | 3 | 545.83333 | 181.94444 | 20.99359 | 1.89571E-5 |
| 模型 | 9 | 1330.5 | 147.83333 | 17.05769 | 4.43258E-6 |
| 误差 | 14 | 121.33333 | 8.66667 | | |
| 修正整体 | 23 | 1451.83333 | | | |

在0.05水平下，**生长调节剂**的总体均值是显著地 不同的。
在0.05水平下，**大豆品种**的总体均值是显著地 不同的。
在0.05水平下，**区组**的总体均值是显著地 不同的。
在0.05水平下，**生长调节剂 * 大豆品种**的总体均值是显著地 不同的。

**图4-33　总体方差分析结果**

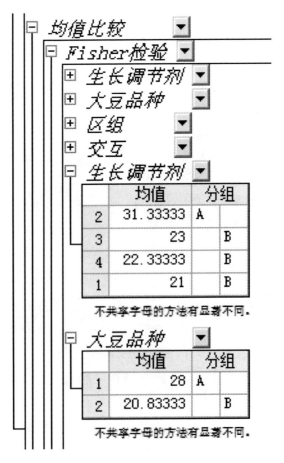

均值比较 ▼

Fisher检验 ▼

⊞ 生长调节剂 ▼
⊞ 大豆品种 ▼
⊞ 区组 ▼
⊞ 交互 ▼
⊟ 生长调节剂 ▼

| | 均值 | 分组 |
|---|---|---|
| 2 | 31.33333 | A |
| 3 | 23 | B |
| 4 | 22.33333 | B |
| 1 | 21 | B |

不共享字母的方法有显著不同。

⊟ 大豆品种 ▼

| | 均值 | 分组 |
|---|---|---|
| 1 | 28 | A |
| 2 | 20.83333 | B |

不共享字母的方法有显著不同。

**图4-34　处理间均值多重比较结果**

5. 由于 Origin 输出的处理组合均值比较结果仅包含生长调节剂＊大豆品种＊区组三者的组合效应，本例题仅需要比较生长调节剂＊大豆品种的水平组合，因此再进行一次单因素方差分析，进行各水平组合平均产量的多重比较。具体如图 4-35 所示，此处不再详述。

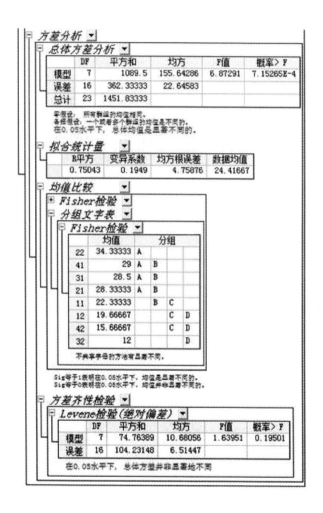

图 4-35　总体方差分析及各水平组合间均值多重比较结果

# 第三节　裂区设计试验数据的方差分析

两因素裂区设计是将两因素分为主区因素、副区因素后分别进行安排的试验设计方法。两因素裂区设计主要应用于以下几种情况：第一，精确性要求不同；第二，主效应绝对值的大小不同；第三，管理实施的需要；第四，试验方案临时变更。两因素裂区设计在方差分析时分别估计出主区误差和副区误差，并按主区部分和副区部分进行分析。两因素裂区设计试验资料的变异可以分为区组间变异、主区因素 A 水平间变异、主区误差、副区因素 B 水平间变异、主区因素 A 与副区因素 B 交互作用变异、副区误差六个部分。

【例题 4-3】研究 4 个玉米品种的施肥技术，采用裂区设计。其中施肥量 A 为主区因素，设三种施肥量，分别用 A1、A2、A3 表示；品种 B 为副区因素，分别用 B1、B2、B3、B4 表示。主区按随机区组排列。试验指标为产量（kg/小区），田间排列图及产量如表 4-4 所示，对试验资料进行方差分析。

**表 4-4　施肥量和玉米品种两因素裂区设计试验田间排列及产量**

| $A_3B_2$ | $A_3B_1$ | $A_3B_4$ | $A_3B_3$ | $A_2B_4$ | $A_2B_2$ | $A_2B_3$ | $A_2B_1$ | $A_1B_3$ | $A_1B_4$ | $A_1B_2$ | $A_1B_1$ | I |
| 67.8 | 50 | 75.2 | 81 | 80.4 | 86.6 | 94.4 | 52 | 108.8 | 102.2 | 83.6 | 76.6 | |
| $A_1B_3$ | $A_1B_1$ | $A_1B_2$ | $A_1B_4$ | $A_3B_2$ | $A_3B_1$ | $A_3B_3$ | $A_3B_4$ | $A_2B_2$ | $A_2B_3$ | $A_2B_1$ | $A_2B_4$ | II |
| 136.4 | 74 | 84 | 112 | 66 | 48.6 | 85.6 | 76.2 | 94.6 | 86 | 51.2 | 71.4 | |
| $A_2B_4$ | $A_2B_1$ | $A_2B_3$ | $A_2B_2$ | $A_1B_1$ | $A_1B_2$ | $A_1B_4$ | $A_1B_3$ | $A_3B_4$ | $A_3B_2$ | $A_3B_3$ | $A_3B_1$ | III |
| 70 | 50.6 | 94.2 | 92.2 | 75.2 | 90 | 112.4 | 124.6 | 85.6 | 69.6 | 84.2 | 49.6 | |

用 SPSS 软件操作【例题 4-3】。

1. 启动 SPSS 软件，并建立数据文件，如图 4-36 所示。试验指标为产量，用 x 表示；主区因素为施肥量，用 a 表示；副区因素为品种，用 b 表示；r 表示重复，共三次。

| | x | a | b | r | 组合 |
|---|---|---|---|---|---|
| 1 | 76.6 | 1 | 1 | 1 | 11 |
| 2 | 83.6 | 1 | 2 | 1 | 12 |
| 3 | 108.8 | 1 | 3 | 1 | 13 |
| 4 | 102.2 | 1 | 4 | 1 | 14 |
| 5 | 52.0 | 2 | 1 | 1 | 21 |
| 6 | 86.6 | 2 | 2 | 1 | 22 |
| 7 | 94.4 | 2 | 3 | 1 | 23 |
| 8 | 80.4 | 2 | 4 | 1 | 24 |
| 9 | 50.0 | 3 | 1 | 1 | 31 |
| 10 | 67.8 | 3 | 2 | 1 | 32 |
| 11 | 81.0 | 3 | 3 | 1 | 33 |
| 12 | 75.2 | 3 | 4 | 1 | 34 |
| 13 | 74.0 | 1 | 1 | 2 | 11 |
| 14 | 84.0 | 1 | 2 | 2 | 12 |
| 15 | 136.4 | 1 | 3 | 2 | 13 |
| 16 | 112.0 | 1 | 4 | 2 | 14 |
| 17 | 51.2 | 2 | 1 | 2 | 21 |
| 18 | 94.6 | 2 | 2 | 2 | 22 |
| 19 | 86.0 | 2 | 3 | 2 | 23 |
| 20 | 71.4 | 2 | 4 | 2 | 24 |
| 21 | 48.6 | 3 | 1 | 2 | 31 |
| 22 | 66.0 | 3 | 2 | 2 | 32 |
| 23 | 85.6 | 3 | 3 | 2 | 33 |
| 24 | 76.2 | 3 | 4 | 2 | 34 |
| 25 | 75.2 | 1 | 1 | 3 | 11 |
| 26 | 90.0 | 1 | 2 | 3 | 12 |
| 27 | 124.6 | 1 | 3 | 3 | 13 |
| 28 | 112.4 | 1 | 4 | 3 | 14 |
| 29 | 50.6 | 2 | 1 | 3 | 21 |
| 30 | 92.2 | 2 | 2 | 3 | 22 |
| 31 | 94.2 | 2 | 3 | 3 | 23 |
| 32 | 70.0 | 2 | 4 | 3 | 24 |
| 33 | 49.6 | 3 | 1 | 3 | 31 |
| 34 | 69.6 | 3 | 2 | 3 | 32 |
| 35 | 84.2 | 3 | 3 | 3 | 33 |
| 36 | 85.6 | 3 | 4 | 3 | 34 |

**图 4-36　玉米产量数据文件**

2. 单击【分析】、【一般线性模型】、【单变量】，在因变量栏中输入 x，在固定因子一栏中输入 a、b，在随机因子中输入 r，如图 4-37 所示。

**图 4-37　单变量对话框**

3. 单击【模型】，将 a、b、r、a＊b 填入模型对话框，如图 4-38 所示。

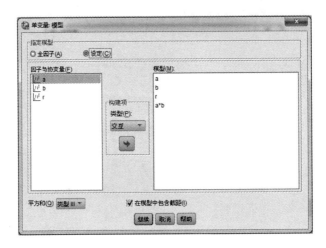

**图 4-38　单变量：模型对话框**

4. 单击【继续】，再单击【两两比较】。本例题仅分析主区因素 a 和副区因素 b 各水平均值即可，以 Duncan 法为例，勾选 Duncan 法前的单选框，其他选项值保持默认，如图 4-39 所示。

**图 4-39　单变量：两两比较对话框**

5. 单击【继续】，再单击【粘贴】，对程序窗口中程序进一步修改。以上操作生成的程序如图 4-40（a）所示，请将 DESIGN 子句修改为如图 4-40（b）所示。运行该程序，输出方差分析结果。

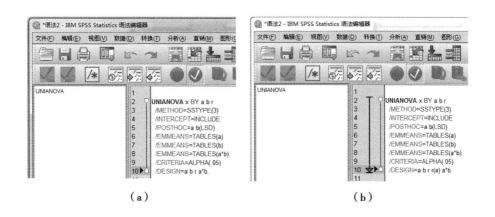

（a）　　　　　　　　　　　（b）

**图 4-40　语法编辑器对话框**

由图 4-41 可知，主区因素 A 的 F 值为 64.676，p 值小于 0.01，说明不同氮肥处理玉米平均产量差异极显著；副区因素 B 的 F 值为 99.282，p 值小于 0.01，说明不同玉米品种平均产量差异极显著；A×B 的 F 值为 10.612，p 值小于 0.01，说明施肥量 A 和玉米品种 B 的交互作用极显著。本例题中主区误差均方为 40.501，大于副区误差均方 26.537，也大于 A×B 互作的误差均方 26.537，说明在两因素裂区设计中主区因素主效应的精确性低、副区因素主效应以及副区因素与主区因素的交互作用的精确性高。

我们不妨试着将本例题中的数据作为随机区组设计进行分析，同样将区组 r 作为随机因子。结果如图 4-42 所示，我们发现此时主区因素主效应、副区因素主效应以及副区因素与主区因素的交互作用的误差均方相等均为 29.076，说明三者的精确性一致。进一步说明，裂区设计的精确性比随机区组设计的精确性高。

**主体间效应检验**

因变量： x

| 源 | | III 类平方和 | 自由度 | 均方 | F | 显著性 |
|---|---|---|---|---|---|---|
| 截距 | 假设 | 240557.551 | 1 | 240557.551 | 7018.569 | .000 |
| | 误差 | 68.549 | 2 | 34.274ᵃ | | |
| a | 假设 | 5238.896 | 2 | 2619.448 | 64.676 | .001 |
| | 误差 | 162.004 | 4 | 40.501ᵇ | | |
| b | 假设 | 7903.827 | 3 | 2634.609 | 99.282 | .000 |
| | 误差 | 477.660 | 18 | 26.537ᶜ | | |
| r(a) | 假设 | 162.004 | 4 | 40.501 | 1.526 | .237 |
| | 误差 | 477.660 | 18 | 26.537ᶜ | | |
| a * b | 假设 | 1689.673 | 6 | 281.612 | 10.612 | .000 |
| | 误差 | 477.660 | 18 | 26.537ᶜ | | |
| r | 假设 | 68.549 | 2 | 34.274 | .846 | .494 |
| | 误差 | 162.004 | 4 | 40.501ᵇ | | |

a. MS(r)

b. MS(r(a))

c. MS(错误)

**图 4-41　裂区设计方差分析主体间效应的检验**

**主体间效应检验**

因变量： x

| 源 | | III 类平方和 | 自由度 | 均方 | F | 显著性 |
|---|---|---|---|---|---|---|
| 截距 | 假设 | 240557.551 | 1 | 240557.551 | 7018.569 | .000 |
| | 误差 | 68.549 | 2 | 34.274ᵃ | | |
| a | 假设 | 5238.896 | 2 | 2619.448 | 90.091 | .000 |
| | 误差 | 639.664 | 22 | 29.076ᵇ | | |
| b | 假设 | 7903.827 | 3 | 2634.609 | 90.612 | .000 |
| | 误差 | 639.664 | 22 | 29.076ᵇ | | |
| a * b | 假设 | 1689.673 | 6 | 281.612 | 9.695 | .000 |
| | 误差 | 639.664 | 22 | 29.076ᵇ | | |
| r | 假设 | 68.549 | 2 | 34.274 | 1.179 | .326 |
| | 误差 | 639.664 | 22 | 29.076ᵇ | | |

a. MS(r)

b. MS(错误)

**图 4-42　随机区组设计方差分析主体间效应的检验**

　　继续对裂区设计分析结果进行多重比较。如图 4-43 和图 4-44 所示，多重比较结果表明，不同氮肥水平及不同玉米品种平均产量均差异显著。

x

Duncan[a,b]

| a | N | 子集 | | |
|---|---|---|---|---|
| | | 1 | 2 | 3 |
| 3 | 12 | 69.950 | | |
| 2 | 12 | | 76.967 | |
| 1 | 12 | | | 98.317 |
| Sig. | | 1.000 | 1.000 | 1.000 |

已显示同类子集中的组均值。
基于观测到的均值。
误差项为均值方（错误）=26.537。

a. 使用调和均值样本大小=12.000。
b. Alpha=.05。

**图 4-43 不同氮肥下玉米平均产量多重比较**

x

Duncan[a,b]

| b | N | 子集 | | | |
|---|---|---|---|---|---|
| | | 1 | 2 | 3 | 4 |
| 1 | 9 | 58.644 | | | |
| 2 | 9 | | 81.600 | | |
| 4 | 9 | | | 87.267 | |
| 3 | 9 | | | | 99.467 |
| Sig. | | 1.000 | 1.000 | 1.000 | 1.000 |

已显示同类子集中的组均值。
基于观测到的均值。
误差项为均值方（错误）=26.537。

a. 使用调和均值样本大小=9.000。
b. Alpha=.05。

**图 4-44 不同玉米品种平均产量多重比较**

6. 再进行一次单因素方差分析，进行各水平组合平均产量的多重比较。具体如图 4-45 和图 4-46 所示，多重比较结果如图 4-47 所示，此处不再详述。

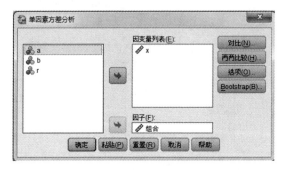

图 4-45　单因素方差分析对话框

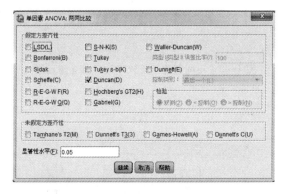

图 4-46　单因素方差分析两两比较对话框

x

Duncan[a]

| 组合 | N | Alpha=0.05的子集 | | | | | | |
|---|---|---|---|---|---|---|---|---|
| | | 1 | 2 | 3 | 4 | 5 | 6 | 7 |
| 31 | 3 | 49.400 | | | | | | |
| 21 | 3 | 51.267 | | | | | | |
| 32 | 3 | | 67.800 | | | | | |
| 24 | 3 | | 73.933 | 73.933 | | | | |
| 11 | 3 | | 75.267 | 75.267 | | | | |
| 34 | 3 | | | 79.000 | 79.000 | | | |
| 33 | 3 | | | 83.600 | 83.600 | 83.600 | | |
| 12 | 3 | | | | 85.867 | 85.867 | | |
| 22 | 3 | | | | | 91.133 | | |
| 23 | 3 | | | | | 91.533 | | |
| 14 | 3 | | | | | | 108.867 | |
| 13 | 3 | | | | | | | 123.267 |
| 显著性 | | .678 | .124 | .056 | .156 | .113 | 1.000 | 1.000 |

将显示同类子集中的组均值。

a. 将使用调和均值样本大小=3.000。

图 4-47　不同水平组合下玉米平均产量多重比较

# 习　题

1. 华北某试验地对制种玉米前期（拔节期）、后期（抽雄）分别施氮素 3kg（N3）和 6kg（N6），以确定最佳经济有效的施肥时期和施用量。试验结果见表 1。

**表 1　不同施肥时期、施肥量试验玉米产量**

| 重复 | 前期（kg） | | 后期（kg） | |
| --- | --- | --- | --- | --- |
| | N3 | N6 | N3 | N6 |
| 1 | 60 | 71 | 65 | 74 |
| 2 | 58 | 73 | 70 | 70 |
| 3 | 65 | 68 | 66 | 85 |
| 4 | 62 | 72 | 72 | 82 |
| 5 | 52 | 65 | 71 | 91 |
| 6 | 61 | 66 | 75 | 87 |

请以施肥时期为横坐标，比较相同施肥时期不同施肥量下玉米的产量，并作显著性比较，将差异结果标在柱状图上。再通过方差分析，筛选最优的施肥时期和施肥量的组合。

2. 有一个大豆两因素试验，A 因素为品种，有 A1、A2 2 个水平，B 因素为短日照，有 B1 = 0 天、B2 = 15 天、B3 = 25 天、B4 = 35 天、B5 = 45 天、B6 = 55 天、B7 = 65 天 7 个水平；重复 3 次、随机区组设计，得每盆干物质重（kg）于表 2，试进行方差分析。

表2　大豆栽培试验每盆干物质重（kg）

| 处理 | | 区组 I | 区组 II | 区组 III |
|---|---|---|---|---|
| $A_1$ | $B_1$ | 8.0 | 8.4 | 8.1 |
| | $B_2$ | 7.6 | 8.4 | 8.0 |
| | $B_3$ | 8.7 | 8.6 | 8.9 |
| | $B_4$ | 7.7 | 7.3 | 7.4 |
| | $B_5$ | 6.8 | 7.4 | 7.9 |
| | $B_6$ | 6.6 | 6.4 | 6.2 |
| | $B_7$ | 6.3 | 6.2 | 6.2 |
| $A_2$ | $B_1$ | 5.2 | 5.4 | 5.5 |
| | $B_2$ | 5.2 | 5.1 | 5.6 |
| | $B_3$ | 4.8 | 4.0 | 4.5 |
| | $B_4$ | 4.5 | 4.6 | 4.8 |
| | $B_5$ | 5.0 | 4.8 | 4.3 |
| | $B_6$ | 3.8 | 4.4 | 4.2 |
| | $B_7$ | 4.1 | 4.0 | 4.3 |

3. 有一个水稻种植密度和施肥量试验，裂区设计，以施肥量做主区因素 A，有 $A_1$、$A_2$、$A_3$ 3 个水平，密度为副区因素 B，有 $B_1$、$B_2$、$B_3$ 3 个水平。其田间排列图及小区产量（kg）如图 1 所示，试作方差分析。

I

| $A_1$ | | $A_3$ | | $A_2$ | |
|---|---|---|---|---|---|
| $B_3$ | 12 | $B_2$ | 11.8 | $B_2$ | 12.8 |
| $B_1$ | 9.4 | $B_3$ | 14.5 | $B_1$ | 15.1 |
| $B_2$ | 10.4 | $B_1$ | 9.8 | $B_3$ | 14.6 |

II

| $A_1$ | | $A_2$ | | $A_3$ | |
|---|---|---|---|---|---|
| $B_2$ | 12.6 | $B_1$ | 11.6 | $B_2$ | 15.5 |
| $B_3$ | 12.8 | $B_2$ | 12.1 | $B_3$ | 16.2 |
| $B_1$ | 11.9 | $B_3$ | 15.4 | $B_1$ | 15.8 |

III

| $A_3$ | | $A_2$ | | $A_1$ | |
|---|---|---|---|---|---|
| $B_1$ | 14.8 | $B_3$ | 14.2 | $B_1$ | 8.8 |
| $B_3$ | 15.9 | $B_1$ | 11.3 | $B_2$ | 12.4 |
| $B_2$ | 14.5 | $B_2$ | 13.8 | $B_3$ | 13.7 |

IV

| $A_2$ | | $A_3$ | | $A_1$ | |
|---|---|---|---|---|---|
| $B_2$ | 15.6 | $B_3$ | 15.7 | $B_2$ | 14.2 |
| $B_1$ | 12.5 | $B_2$ | 16.3 | $B_3$ | 15.1 |
| $B_3$ | 15.3 | $B_1$ | 14.3 | $B_1$ | 9.3 |

图 1　田间排列图及小区产量

# 第五章　多年多点品种试验资料的方差分析

　　品种区域试验一般均需进行多年，以便为品种的利用提供更可靠的信息。农业研究中常采用随机区组试验设计，采用相同的田间管理措施，在多个地点、多个年份进行品种区域试验。这种类型的方差分析表中应列出以下各效应：第一，品种效应；第二，地点效应；第三，年份效应；第四，品种×地点效应；第五，品种×年份效应；第六，地点×年份效应；第七，品种×地点×年份效应。一般认为，适合广泛应用推广的品种必须具有品种主效应大、交互效应小的特点，此类品种受可预知或难以预知的环境因素影响较小，可以通过本身的调节作用保持性状的相对稳定，而交互作用大的品种则难以被广泛推广。

　　【例题5-1】有一个玉米品种的异地鉴定试验，参试品种有5个，分别用 V1、V2、V3、V4、V5 表示，试验设置4个地点分别为塔城、伊犁、石河子、奇台，随机区组设计，重复2次，分别用Ⅰ、Ⅱ代表，试验进行了3年，产量结果整理如表5-1所示，试做统计分析。

　　**一、SPSS 法**

　　1. 启动 SPSS 软件，并建立数据文件，如图5-1所示。

　　2. 单击【分析】、【一般线性模型】、【单变量】，在因变量栏中输入产量，在固定因子一栏中输入年份、品种、地点、区组，如图5-2所示。

表 5-1  多年多点玉米品种区域试验资料　　　　　　　单位：吨

| 年份 | 2018 | | | | | | | |
|---|---|---|---|---|---|---|---|---|
| 地点 | 塔城 | | 伊犁 | | 石河子 | | 奇台 | |
| 区组 | I | II | I | II | I | II | I | II |
| V1 | 9 | 11 | 11 | 13 | 17 | 21 | 7 | 9 |
| V2 | 15 | 13 | 15 | 15 | 15 | 17 | 13 | 15 |
| V3 | 11 | 13 | 3 | 5 | 5 | 1 | 7 | 5 |
| V4 | 25 | 25 | 37 | 33 | 23 | 25 | 27 | 27 |
| V5 | 13 | 9 | 15 | 7 | 13 | 13 | 11 | 9 |
| 年份 | 2019 | | | | | | | |
| 地点 | 塔城 | | 伊犁 | | 石河子 | | 奇台 | |
| 区组 | I | II | I | II | I | II | I | II |
| V1 | 7 | 9 | 11 | 9 | 23 | 19 | 9 | 9 |
| V2 | 27 | 23 | 25 | 19 | 23 | 27 | 17 | 19 |
| V3 | 15 | 15 | 3 | 7 | 9 | 5 | 3 | 5 |
| V4 | 29 | 21 | 29 | 33 | 27 | 19 | 25 | 23 |
| V5 | 11 | 13 | 13 | 13 | 9 | 11 | 15 | 13 |
| 年份 | 2020 | | | | | | | |
| 地点 | 塔城 | | 伊犁 | | 石河子 | | 奇台 | |
| 区组 | I | II | I | II | I | II | I | II |
| V1 | 9 | 5 | 13 | 9 | 15 | 17 | 11 | 7 |
| V2 | 17 | 19 | 17 | 19 | 15 | 17 | 17 | 17 |
| V3 | 11 | 11 | 3 | 3 | 5 | 7 | 5 | 5 |
| V4 | 23 | 21 | 35 | 33 | 31 | 25 | 29 | 25 |
| V5 | 9 | 13 | 11 | 9 | 13 | 5 | 13 | 9 |

| | 地点 | 年份 | 品种 | 区组 | 产量 |
|---|---|---|---|---|---|
| 1 | 1 | 1 | 1 | 1 | 9 |
| 2 | 1 | 1 | 2 | 1 | 15 |
| 3 | 1 | 1 | 3 | 1 | 11 |
| 4 | 1 | 1 | 4 | 1 | 25 |
| 5 | 1 | 1 | 5 | 1 | 13 |
| 6 | 1 | 1 | 1 | 2 | 11 |
| 7 | 1 | 1 | 2 | 2 | 13 |
| 8 | 1 | 1 | 3 | 2 | 11 |
| 9 | 1 | 1 | 4 | 2 | 25 |
| 10 | 1 | 1 | 5 | 2 | 9 |
| 11 | 2 | 1 | 1 | 1 | 11 |
| 12 | 2 | 1 | 2 | 1 | 15 |
| 13 | 2 | 1 | 3 | 1 | 3 |
| 14 | 2 | 1 | 4 | 1 | 37 |
| 15 | 2 | 1 | 5 | 1 | 15 |
| 16 | 2 | 1 | 1 | 2 | 13 |
| 17 | 2 | 1 | 2 | 2 | 15 |
| 18 | 2 | 1 | 3 | 2 | 11 |
| 19 | 2 | 1 | 4 | 2 | 33 |
| 20 | 2 | 1 | 5 | 2 | 7 |
| 21 | 3 | 1 | 1 | 1 | 17 |
| 22 | 3 | 1 | 2 | 1 | 15 |
| 23 | 3 | 1 | 3 | 1 | 5 |
| 24 | 3 | 1 | 4 | 1 | 23 |
| 25 | 3 | 1 | 5 | 1 | 13 |
| 26 | 3 | 1 | 1 | 2 | 21 |
| 27 | 3 | 1 | 2 | 2 | 17 |
| 28 | 3 | 1 | 3 | 2 | 1 |
| 29 | 3 | 1 | 4 | 2 | 25 |
| 30 | 3 | 1 | 5 | 2 | 13 |

| | 地点 | 年份 | 品种 | 区组 | 产量 |
|---|---|---|---|---|---|
| 31 | 4 | 1 | 1 | 1 | 7 |
| 32 | 4 | 1 | 2 | 1 | 13 |
| 33 | 4 | 1 | 3 | 1 | 7 |
| 34 | 4 | 1 | 4 | 1 | 27 |
| 35 | 4 | 1 | 5 | 1 | 11 |
| 36 | 4 | 1 | 1 | 2 | 9 |
| 37 | 4 | 1 | 2 | 2 | 15 |
| 38 | 4 | 1 | 3 | 2 | 5 |
| 39 | 4 | 1 | 4 | 2 | 27 |
| 40 | 4 | 1 | 5 | 2 | 9 |
| 41 | 1 | 2 | 1 | 1 | 7 |
| 42 | 1 | 2 | 2 | 1 | 27 |
| 43 | 1 | 2 | 3 | 1 | 15 |
| 44 | 1 | 2 | 4 | 1 | 29 |
| 45 | 1 | 2 | 5 | 1 | 11 |
| 46 | 1 | 2 | 1 | 2 | 9 |
| 47 | 1 | 2 | 2 | 2 | 23 |
| 48 | 1 | 2 | 3 | 2 | 15 |
| 49 | 1 | 2 | 4 | 2 | 21 |
| 50 | 1 | 2 | 5 | 2 | 13 |
| 51 | 2 | 2 | 1 | 1 | 11 |
| 52 | 2 | 2 | 2 | 1 | 25 |
| 53 | 2 | 2 | 3 | 1 | 3 |
| 54 | 2 | 2 | 4 | 1 | 29 |
| 55 | 2 | 2 | 5 | 1 | 13 |
| 56 | 2 | 2 | 1 | 2 | 9 |
| 57 | 2 | 2 | 2 | 2 | 19 |
| 58 | 2 | 2 | 3 | 2 | 7 |
| 59 | 2 | 2 | 4 | 2 | 33 |
| 60 | 2 | 2 | 5 | 2 | 13 |

| | 地点 | 年份 | 品种 | 区组 | 产量 |
|---|---|---|---|---|---|
| 61 | 3 | 2 | 1 | 1 | 23 |
| 62 | 3 | 2 | 2 | 1 | 23 |
| 63 | 3 | 2 | 3 | 1 | 9 |
| 64 | 3 | 2 | 4 | 1 | 27 |
| 65 | 3 | 2 | 5 | 1 | 9 |
| 66 | 3 | 2 | 1 | 2 | 19 |
| 67 | 3 | 2 | 2 | 2 | 27 |
| 68 | 3 | 2 | 3 | 2 | 5 |
| 69 | 3 | 2 | 4 | 2 | 19 |
| 70 | 3 | 2 | 5 | 2 | 11 |
| 71 | 4 | 2 | 1 | 1 | 9 |
| 72 | 4 | 2 | 2 | 1 | 17 |
| 73 | 4 | 2 | 3 | 1 | 3 |
| 74 | 4 | 2 | 4 | 1 | 25 |
| 75 | 4 | 2 | 5 | 1 | 15 |
| 76 | 4 | 2 | 1 | 2 | 9 |
| 77 | 4 | 2 | 2 | 2 | 19 |
| 78 | 4 | 2 | 3 | 2 | 5 |
| 79 | 4 | 2 | 4 | 2 | 23 |
| 80 | 4 | 2 | 5 | 2 | 13 |
| 81 | 1 | 3 | 1 | 1 | 9 |
| 82 | 1 | 3 | 2 | 1 | 17 |
| 83 | 1 | 3 | 3 | 1 | 11 |
| 84 | 1 | 3 | 4 | 1 | 23 |
| 85 | 1 | 3 | 5 | 1 | 9 |
| 86 | 1 | 3 | 1 | 2 | 5 |
| 87 | 1 | 3 | 2 | 2 | 19 |
| 88 | 1 | 3 | 3 | 2 | 11 |
| 89 | 1 | 3 | 4 | 2 | 21 |
| 90 | 1 | 3 | 5 | 2 | 13 |

| | 地点 | 年份 | 品种 | 区组 | 产量 |
|---|---|---|---|---|---|
| 91 | 2 | 3 | 1 | 1 | 13 |
| 92 | 2 | 3 | 2 | 1 | 17 |
| 93 | 2 | 3 | 3 | 1 | 3 |
| 94 | 2 | 3 | 4 | 1 | 35 |
| 95 | 2 | 3 | 5 | 1 | 11 |
| 96 | 2 | 3 | 1 | 2 | 9 |
| 97 | 2 | 3 | 2 | 2 | 19 |
| 98 | 2 | 3 | 3 | 2 | 3 |
| 99 | 2 | 3 | 4 | 2 | 33 |
| 100 | 2 | 3 | 5 | 2 | 9 |
| 101 | 3 | 3 | 1 | 1 | 15 |
| 102 | 3 | 3 | 2 | 1 | 15 |
| 103 | 3 | 3 | 3 | 1 | 3 |
| 104 | 3 | 3 | 4 | 1 | 31 |
| 105 | 3 | 3 | 5 | 1 | 13 |
| 106 | 3 | 3 | 1 | 2 | 17 |
| 107 | 3 | 3 | 2 | 2 | 17 |
| 108 | 3 | 3 | 3 | 2 | 7 |
| 109 | 3 | 3 | 4 | 2 | 25 |
| 110 | 3 | 3 | 5 | 2 | 5 |
| 111 | 4 | 3 | 1 | 1 | 11 |
| 112 | 4 | 3 | 2 | 1 | 17 |
| 113 | 4 | 3 | 3 | 1 | 5 |
| 114 | 4 | 3 | 4 | 1 | 29 |
| 115 | 4 | 3 | 5 | 1 | 13 |
| 116 | 4 | 3 | 1 | 2 | 7 |
| 117 | 4 | 3 | 2 | 2 | 17 |
| 118 | 4 | 3 | 3 | 2 | 5 |
| 119 | 4 | 3 | 4 | 2 | 25 |
| 120 | 4 | 3 | 5 | 2 | 9 |

**图 5-1 玉米产量数据文件**

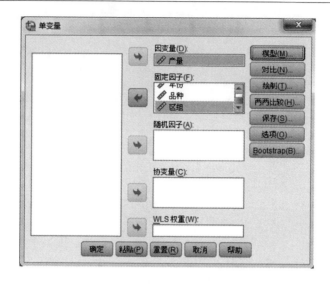

图 5-2　单变量对话框

3. 单击【模型】，将地点、年份、品种、地点 * 年份、品种 * 地点、品种 * 年份、品种 * 地点 * 年份、区组 * 地点 * 年份填入模型对话框，如图 5-3 所示。

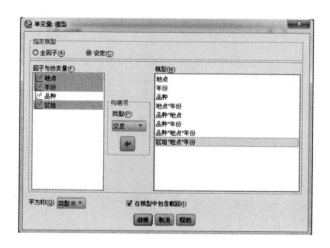

图 5-3　单变量：模型对话框

4. 单击【继续】，再单击【两两比较】。本例题仅分析品种间均值即可，以 Duncan 法为例，勾选 Duncan 法前的单选框。其他选项值保持默认。

5. 单击【继续】，再单击【确定】，输出结果。由图 5-4 可知，地点、年份、品种、地点＊品种、年份＊品种的 p 值均小于 0.01，说明地点效应、年份效应、品种效应、地点＊品种互作效应、品种×年份互作效应均对玉米产量有极显著的影响。地点＊年份、地点＊年份＊品种、地点＊年份＊区组的 p 值均大于 0.05，说明地点＊年份互作效应、品种＊地点＊年份互作效应、区组＊地点＊年份互作效应对玉米产量无显著影响。

主体间效应的检验

因变量:产量

| 源 | Ⅲ型平方和 | df | 均方 | F | Sig. |
|---|---|---|---|---|---|
| 校正模型 | 7587.167ᵃ | 71 | 106.862 | 17.282 | .000 |
| 截距 | 26940.033 | 1 | 26940.033 | 4356.879 | .000 |
| 地点 | 91.567 | 3 | 30.522 | 4.936 | .005 |
| 年份 | 68.267 | 2 | 34.133 | 5.520 | .007 |
| 品种 | 5982.467 | 4 | 1495.617 | 241.879 | .000 |
| 地点*年份 | 31.733 | 6 | 5.289 | .855 | .534 |
| 地点*品种 | 967.933 | 12 | 80.661 | 13.045 | .000 |
| 年份*品种 | 241.733 | 8 | 30.217 | 4.887 | .000 |
| 地点*年份*品种 | 154.267 | 24 | 6.428 | 1.040 | .441 |
| 地点*年份*区组 | 49.200 | 12 | 4.100 | .663 | .777 |
| 误差 | 296.800 | 48 | 6.183 | | |
| 总计 | 34824.000 | 120 | | | |
| 校正的总计 | 7883.967 | 119 | | | |

a. R方=.962（调整R方=.907）

**图 5-4　主体间效应的检验**

如图 5-5 所示，多年多点试验结果表明，品种 4 产量最高，品种 3 产量最低。

产量

Duncan[a,b]

| 品种 | N | 子集 | | | |
|---|---|---|---|---|---|
| | | 1 | 2 | 3 | 4 |
| 3 | 24 | 6.75 | | | |
| 5 | 24 | | 11.25 | | |
| 1 | 24 | | 11.67 | | |
| 2 | 24 | | | 18.17 | |
| 4 | 24 | | | | 27.08 |
| Sig. | | 1.000 | .564 | 1.000 | 1.000 |

已显示同类子集中的组均值。
基于观测到的均值。
误差项为均值方（错误）=6.183。

a. 使用调和均值样本大小=24.000。
b. Alpha =.05。

**图 5-5 不同玉米品种平均产量多重比较**

### 二、Origin 法

1. 启动 Origin 软件，并建立数据文件。数据资料的整理类似于 SPSS，可直接从 SPSS 界面复制粘贴过来，其中区组一列的数据可不放。

2. 本例题随机区组设计有地点、品种、年份，因此在方差分析过程中可将其看作三因素。单击【统计】、【方差分析】、【三因素方差分析】，打开对话框，如图 5-6 所示。在数据输入的因子 A 数据收缩栏中选择"地点"；在数据输入的因子 B 数据收缩栏中选择"年份"；在数据输入的因子 C 数据收缩栏中选择"品种"；在数据收缩栏中选择"产量"。其他选项值保持默认。

3. 单击【模型】。根据三因素随机区组设计试验资料的数学模型，本例题需勾选该对话框中所有的效应，如图 5-7 所示。

4. 单击【均值比较】，按需要选择合适的均值比较方法，本例题选择 Fisher LSD 法。单击【确定】，输出结果。

本例题结果的描述和 SPSS 软件类似，但不包括区组效应，如图 5-8 所示。通过单击均值比较的折叠框可以查看详细结果。此处不再详述。

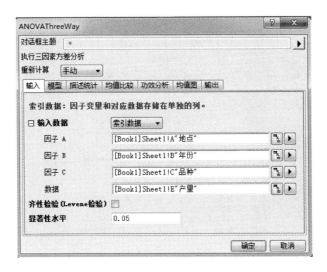

图 5-6 三因素方差分析数据输入对话框

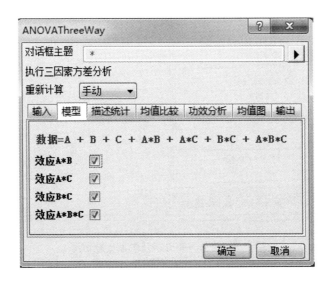

图 5-7 三因素方差分析模型对话框

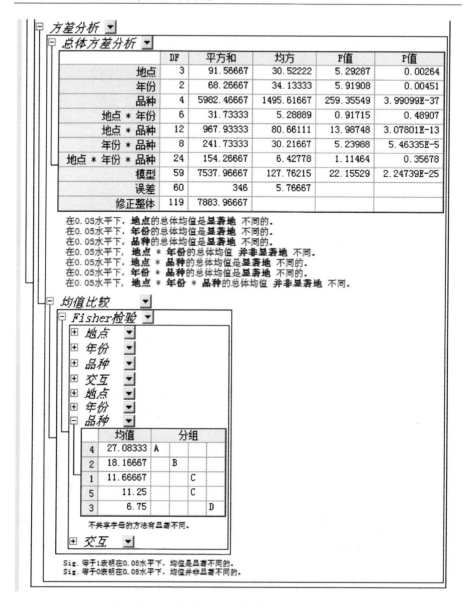

**图5-8 总体方差分析及多重比较结果**

5. 在 Origin 软件中将数据整理成以下方式，如图 5-9 所示。再通过 Paired Comparison Plot 插件做不同类型柱状图，如图 5-10 所示。根据结果可评估品种、地点、品种＊地点互作效应等。同时可在软件中更改图表类型或继续对图形的各要素进行编辑，此处不再详述。

| 例 | 未排序 | | | |
|---|---|---|---|---|
| 1 | 塔城 | 2018 | 品种1 | 9 |
| 2 | 塔城 | 2018 | 品种2 | 15 |
| 3 | 塔城 | 2018 | 品种3 | 11 |
| 4 | 塔城 | 2018 | 品种4 | 25 |
| 5 | 塔城 | 2018 | 品种5 | 13 |
| 6 | 塔城 | 2018 | 品种1 | 11 |
| 7 | 塔城 | 2018 | 品种2 | 13 |
| 8 | 塔城 | 2018 | 品种3 | 13 |
| 9 | 塔城 | 2018 | 品种4 | 25 |
| 10 | 塔城 | 2018 | 品种5 | 9 |
| 11 | 伊犁 | 2018 | 品种1 | 11 |
| 12 | 伊犁 | 2018 | 品种2 | 15 |
| 13 | 伊犁 | 2018 | 品种3 | 3 |
| 14 | 伊犁 | 2018 | 品种4 | 37 |
| 15 | 伊犁 | 2018 | 品种5 | 15 |
| 16 | 伊犁 | 2018 | 品种1 | 13 |
| 17 | 伊犁 | 2018 | 品种2 | 15 |
| 18 | 伊犁 | 2018 | 品种3 | 5 |
| 19 | 伊犁 | 2018 | 品种4 | 33 |
| 20 | 伊犁 | 2018 | 品种5 | 7 |
| 21 | 石河子 | 2018 | 品种1 | 17 |
| 22 | 石河子 | 2018 | 品种2 | 15 |
| 23 | 石河子 | 2018 | 品种3 | 5 |
| 24 | 石河子 | 2018 | 品种4 | 23 |
| 25 | 石河子 | 2018 | 品种5 | 13 |
| 26 | 石河子 | 2018 | 品种1 | 21 |
| 27 | 石河子 | 2018 | 品种2 | 17 |
| 28 | 石河子 | 2018 | 品种3 | 1 |
| 29 | 石河子 | 2018 | 品种4 | 25 |
| 30 | 石河子 | 2018 | 品种5 | 13 |
| 31 | 奇台 | 2018 | 品种1 | 7 |
| 32 | 奇台 | 2018 | 品种2 | 13 |
| 33 | 奇台 | 2018 | 品种3 | 7 |
| 34 | 奇台 | 2018 | 品种4 | 27 |
| 35 | 奇台 | 2018 | 品种5 | 11 |
| 36 | 奇台 | 2018 | 品种1 | 9 |
| 37 | 奇台 | 2018 | 品种2 | 15 |
| 38 | 奇台 | 2018 | 品种3 | 5 |
| 39 | 奇台 | 2018 | 品种4 | 27 |
| 40 | 奇台 | 2018 | 品种5 | 9 |
| 41 | 塔城 | 2019 | 品种1 | 7 |
| 42 | 塔城 | 2019 | 品种2 | 27 |
| 43 | 塔城 | 2019 | 品种3 | 15 |
| 44 | 塔城 | 2019 | 品种4 | 29 |
| 45 | 塔城 | 2019 | 品种5 | 11 |
| 46 | 塔城 | 2019 | 品种1 | 9 |
| 47 | 塔城 | 2019 | 品种2 | 23 |
| 48 | 塔城 | 2019 | 品种3 | 15 |
| 49 | 塔城 | 2019 | 品种4 | 21 |
| 50 | 塔城 | 2019 | 品种5 | 13 |
| 51 | 伊犁 | 2019 | 品种1 | 11 |
| 52 | 伊犁 | 2019 | 品种2 | 25 |
| 53 | 伊犁 | 2019 | 品种3 | 3 |
| 54 | 伊犁 | 2019 | 品种4 | 29 |
| 55 | 伊犁 | 2019 | 品种5 | 13 |
| 56 | 伊犁 | 2019 | 品种1 | 9 |
| 57 | 伊犁 | 2019 | 品种2 | 19 |
| 58 | 伊犁 | 2019 | 品种3 | 7 |
| 59 | 伊犁 | 2019 | 品种4 | 33 |
| 60 | 伊犁 | 2019 | 品种5 | 13 |
| 61 | 石河子 | 2019 | 品种1 | 23 |
| 62 | 石河子 | 2019 | 品种2 | 23 |
| 63 | 石河子 | 2019 | 品种3 | 9 |
| 64 | 石河子 | 2019 | 品种4 | 27 |
| 65 | 石河子 | 2019 | 品种5 | 9 |
| 66 | 石河子 | 2019 | 品种1 | 19 |
| 67 | 石河子 | 2019 | 品种2 | 27 |
| 68 | 石河子 | 2019 | 品种3 | 5 |
| 69 | 石河子 | 2019 | 品种4 | 19 |
| 70 | 石河子 | 2019 | 品种5 | 11 |
| 71 | 奇台 | 2019 | 品种1 | 9 |
| 72 | 奇台 | 2019 | 品种2 | 17 |
| 73 | 奇台 | 2019 | 品种3 | 3 |
| 74 | 奇台 | 2019 | 品种4 | 25 |
| 75 | 奇台 | 2019 | 品种5 | 15 |
| 76 | 奇台 | 2019 | 品种1 | 9 |
| 77 | 奇台 | 2019 | 品种2 | 19 |
| 78 | 奇台 | 2019 | 品种3 | 5 |
| 79 | 奇台 | 2019 | 品种4 | 23 |
| 80 | 奇台 | 2019 | 品种5 | 13 |
| 81 | 塔城 | 2020 | 品种1 | 9 |
| 82 | 塔城 | 2020 | 品种2 | 17 |
| 83 | 塔城 | 2020 | 品种3 | 11 |
| 84 | 塔城 | 2020 | 品种4 | 23 |
| 85 | 塔城 | 2020 | 品种5 | 9 |
| 86 | 塔城 | 2020 | 品种1 | 5 |
| 87 | 塔城 | 2020 | 品种2 | 19 |
| 88 | 塔城 | 2020 | 品种3 | 11 |
| 89 | 塔城 | 2020 | 品种4 | 21 |
| 90 | 塔城 | 2020 | 品种5 | 13 |
| 91 | 伊犁 | 2020 | 品种1 | 13 |
| 92 | 伊犁 | 2020 | 品种2 | 17 |
| 93 | 伊犁 | 2020 | 品种3 | 3 |
| 94 | 伊犁 | 2020 | 品种4 | 35 |
| 95 | 伊犁 | 2020 | 品种5 | 11 |
| 96 | 伊犁 | 2020 | 品种1 | 9 |
| 97 | 伊犁 | 2020 | 品种2 | 19 |
| 98 | 伊犁 | 2020 | 品种3 | 3 |
| 99 | 伊犁 | 2020 | 品种4 | 33 |
| 100 | 伊犁 | 2020 | 品种5 | 9 |
| 101 | 石河子 | 2020 | 品种1 | 15 |
| 102 | 石河子 | 2020 | 品种2 | 15 |
| 103 | 石河子 | 2020 | 品种3 | 5 |
| 104 | 石河子 | 2020 | 品种4 | 31 |
| 105 | 石河子 | 2020 | 品种5 | 13 |
| 106 | 石河子 | 2020 | 品种1 | 17 |
| 107 | 石河子 | 2020 | 品种2 | 17 |
| 108 | 石河子 | 2020 | 品种3 | 7 |
| 109 | 石河子 | 2020 | 品种4 | 25 |
| 110 | 石河子 | 2020 | 品种5 | 5 |
| 111 | 奇台 | 2020 | 品种1 | 11 |
| 112 | 奇台 | 2020 | 品种2 | 17 |
| 113 | 奇台 | 2020 | 品种3 | 5 |
| 114 | 奇台 | 2020 | 品种4 | 29 |
| 115 | 奇台 | 2020 | 品种5 | 13 |
| 116 | 奇台 | 2020 | 品种1 | 7 |
| 117 | 奇台 | 2020 | 品种2 | 17 |
| 118 | 奇台 | 2020 | 品种3 | 5 |
| 119 | 奇台 | 2020 | 品种4 | 25 |
| 120 | 奇台 | 2020 | 品种5 | 9 |

**图 5-9　玉米产量数据文件**

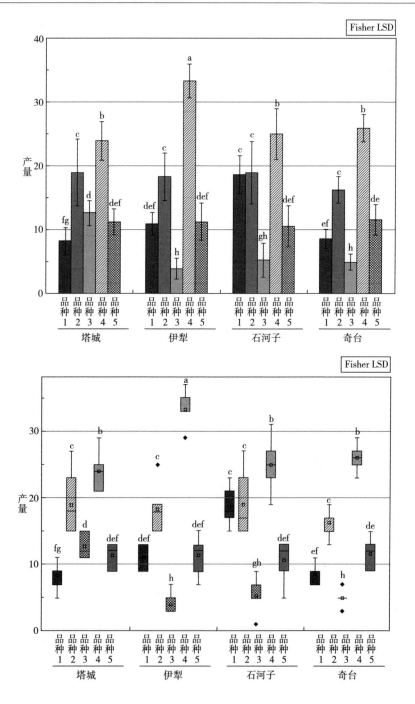

**图 5-10 玉米产量数据多重比较结果图**

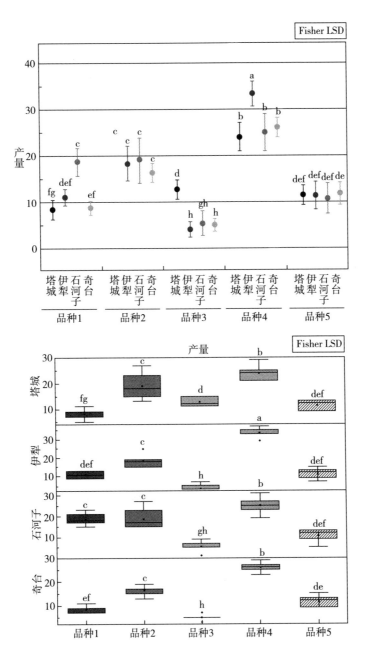

**图 5-10 玉米产量数据多重比较结果图（续）**

# 习　题

有一个小麦品种的异地鉴定试验，参试品种有 3 个，分别用 V1、V2、V3 表示，试验设置 3 个地点分别为河南、山东、安徽，随机区组设计，重复 3 次，分别用Ⅰ、Ⅱ、Ⅲ代表，试验进行了 3 年，产量结果整理如表 1 所示，试作统计分析。

**表 1　多年多点小麦品种区域试验资料**

| 年份 | 2020 | | | | | | | | |
|---|---|---|---|---|---|---|---|---|---|
| 地点 | 河南 | | | 山东 | | | 安徽 | | |
| 区组 | Ⅰ | Ⅱ | Ⅲ | Ⅰ | Ⅱ | Ⅲ | Ⅰ | Ⅱ | Ⅲ |
| V1 | 12 | 11 | 11 | 13 | 17 | 21 | 7 | 9 | 9 |
| V2 | 15 | 13 | 15 | 15 | 15 | 17 | 13 | 15 | 11 |
| V3 | 11 | 13 | 14 | 14 | 15 | 16 | 7 | 5 | 9 |
| 年份 | 2021 | | | | | | | | |
| 地点 | 河南 | | | 山东 | | | 安徽 | | |
| 区组 | Ⅰ | Ⅱ | Ⅲ | Ⅰ | Ⅱ | Ⅲ | Ⅰ | Ⅱ | Ⅲ |
| V1 | 14 | 13 | 13 | 15 | 19 | 23 | 9 | 11 | 11 |
| V2 | 17 | 15 | 17 | 17 | 17 | 19 | 15 | 17 | 13 |
| V3 | 13 | 15 | 16 | 16 | 17 | 18 | 9 | 7 | 11 |
| 年份 | 2022 | | | | | | | | |
| 地点 | 河南 | | | 山东 | | | 安徽 | | |
| 区组 | Ⅰ | Ⅱ | Ⅲ | Ⅰ | Ⅱ | Ⅲ | Ⅰ | Ⅱ | Ⅲ |
| V1 | 16 | 15 | 15 | 17 | 21 | 25 | 11 | 13 | 13 |
| V2 | 19 | 17 | 19 | 19 | 19 | 21 | 17 | 19 | 15 |
| V3 | 15 | 17 | 18 | 18 | 19 | 20 | 11 | 9 | 13 |

# 第六章  $\chi^2$ 检验

$\chi^2$ 是表示实际观察次数与理论次数偏离程度的一个统计数，$\chi^2$ 值小，表示实际观察次数与理论次数偏离程度小；$\chi^2$ 等于零，表示两者完全吻合；$\chi^2$ 值大，表示两者偏离程度大。$\chi^2$ 检验分为适合性检验和独立性检验。

## 第一节  适合性检验

适合性检验是根据属性类别的次数资料判断属性类别分配是否符合已知属性类别分配理论或学说的假设检验。

【例题 6-1】对大豆子叶颜色进行研究，在 $F_2$ 群体得到黄子叶苗 761 株，绿子叶苗 39 株，数据如表 6-1 所示。问：$F_2$ 群体中两种表现型分配是否符合 15:1 的理论比例？

表 6-1  $F_2$ 群体大豆子叶颜色分离的实际观察次数和理论次数

| 子叶颜色 | 实际观察次数（O） | 理论观察次数（E） |
| --- | --- | --- |
| 黄色 | 761 | 750 |
| 绿色 | 39 | 50 |
| 合计 | 800 | 800 |

## 一、SPSS 法

1. 启动 SPSS 软件，并建立数据文件，如图 6-1 所示。

| | 代表型 | 观察次数 |
|---|---|---|
| 1 | 1 | 761 |
| 2 | 2 | 39 |

**图 6-1  大豆子叶颜色数据文件**

2. 单击【数据】、【加权个案】，得到如图 6-2 所示的对话框，单击加权个案前的单选框，将观察次数输入频率变量栏中，完成对代表型加权。单击确定。

**图 6-2  加权个案对话框**

3. 单击【分析】、【非参数检验】、【卡方检验】。将代表型输入到检验变量列表栏中，再通过期望值栏中选值，逐个输入两个期望值，得到如图 6-3 所示的对话框。其余选项保持默认。单击【确定】，输出结果。

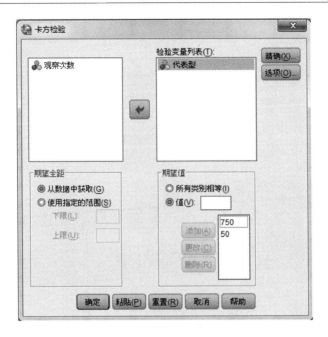

图 6-3　卡方检验对话框

　　输出结果如图 6-4 所示，代表型表格包含两个类别的观察数和期望数，检验统计量表格中卡方值为 2.581，本例题中 df = 1，p 值为 0.108，大于 0.05，表明 $F_2$ 群体中两种表现型分配符合 15∶1 的理论比例。

代表型

|  | 观察数 | 期望数 | 残差 |
|---|---|---|---|
| 1 | 761 | 750.0 | 11.0 |
| 2 | 39 | 50.0 | −11.0 |
| 总数 | 800 |  |  |

检验统计量

|  | 代表型 |
|---|---|
| 卡方 | 2.581[a] |
| df | 1 |
| 渐近显著性 | .108 |

图 6-4　卡方检验输出结果

## 二、Origin 法

1. 直接利用 Origin 软件的 App 插件进行检验。首先提前在 Origin 官网下载安装 $\chi^2$ Chi-Square Test 插件,并加载到 Origin 软件,如图 6-5 所示。

**图 6-5  $\chi^2$ Chi-Square Test 插件**

2. 打开 $\chi^2$ Chi-Square Test 插件,按要求输入数据,如图 6-6 所示。

| | Category | Observed # | Expected # |
|---|---|---|---|
| 1 | 黄色 | 761 | 750 |
| 2 | 绿色 | 39 | 50 |
| 3 | | | |
| 4 | | | |
| 5 | | | |
| 6 | | | |
| 7 | | | |
| 8 | | | |
| 9 | | | |

Number of Rows: 20   Reset   Calculate

**图 6-6  $\chi^2$ Chi-Square Test 数据文件**

3. 单击【Calculate】，输出结果，如图 6-7 所示。

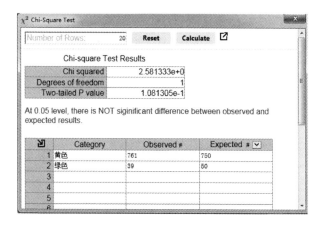

图 6-7 $\chi^2$ Chi-Square Test 结果

由图 6-7 可知，$\chi^2$ 值为 2.581，自由度为 1，两尾检验 p 值为 0.108，检验结论为 0.05 水平下观察值和期望值之间差异不显著，即表明 $F_2$ 群体中两种表现型分配符合 15：1 的理论比例。结果和 SPSS 中一致。

# 第二节　独立性检验

独立性检验是指根据某一质量性状的各个属性类别与某一因素的各个水平利用统计次数法得来的次数资料，判断某一质量性状的各个属性类别的构成比与某一因素是否有关的假设检验。

## 一、2×2 列联表的独立性分析

【例题 6-2】在某仓库调查不同品种梨子的耐储藏性，随机抽取香梨 500 个，其中完好的 482 个，腐烂的 18 个；随机抽取水晶梨 496 个，其中完好的 464 个，腐烂的 32 个。调查结果如表 6-2 所示，检验这两种梨子的耐贮藏性是否有差异。

表 6-2　两种梨子的耐储藏性调查数据　　　　　　单位：个

| 品种 | 耐贮性 | | 合计 |
| --- | --- | --- | --- |
| | 完好 | 腐烂 | |
| 香梨 | 482 | 18 | 500 |
| 水晶梨 | 464 | 32 | 496 |
| 合计 | 946 | 50 | 996 |

（一）SPSS 法

1. 启动 SPSS 软件，并建立数据文件，如图 6-8 所示。品种一列中 1 代表香梨，2 代表水晶梨；耐贮性一列中，1 代表完好，2 代表腐烂。

| | 品种 | 耐贮性 | 数量 |
| --- | --- | --- | --- |
| 1 | 1 | 1 | 482 |
| 2 | 1 | 2 | 18 |
| 3 | 2 | 1 | 464 |
| 4 | 2 | 2 | 32 |

图 6-8　两种梨子的耐储藏性数据文件

2. 单击【数据】、【加权个案】，单击加权个案前的单选框，将"数量"填入频率变量栏中，完成频数的加权。单击【确定】。

3. 单击【分析】、【描述统计】、【交叉表】，将品种引入行一栏中，将耐贮性引入列一栏中，如图 6-9 所示。单击【统计量】，勾选卡方，单击【继续】，再单击【单元格】，勾选观察值、期望值，其余选项根据需要自行设定，本例题其他选项保持默认，如图 6-10 所示。单击【继续】，再单击【确定】，输出结果，如图 6-11 所示。

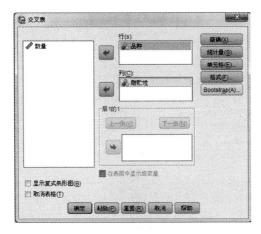

**图 6-9 交叉表对话框**

由图 6-11 可知，品种 * 耐贮性交叉制表中输出了各观察值相对应的理论值。卡方检验表格中，由于本例题是 2×2 列联表，自由度为 1，进行卡方检验时需进行连续性矫正，因此本例题卡方值等于 3.669，p 值等于 0.055，大于 0.05，表明梨子品种与耐贮性无关。

（二）Origin 法

1. 建立 Origin 软件数据文件。如图 6-12 所示。

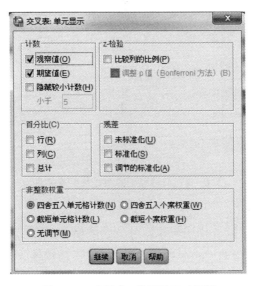

**图 6-10 交叉表-单元显示对话框**

品种*耐贮性交叉制表

| | | | 耐贮性 | | 合计 |
|---|---|---|---|---|---|
| | | | 1 | 2 | |
| 品种 | 1 | 计数 | 482 | 18 | 500 |
| | | 期望的计数 | 474.9 | 25.1 | 500.0 |
| | 2 | 计数 | 464 | 32 | 496 |
| | | 期望的计数 | 471.1 | 24.9 | 496.0 |
| 合计 | | 计数 | 946 | 50 | 996 |
| | | 期望的计数 | 946.0 | 50.0 | 996.0 |

卡方检验

| | 值 | df | 渐进Sig.（双侧） | 精确Sig.（双侧） | 精确Sig.（单侧） |
|---|---|---|---|---|---|
| Pearson卡方 | 4.246[a] | 1 | .039 | | |
| 连续校正[b] | 3.669 | 1 | .055 | | |
| 似然比 | 4.299 | 1 | .038 | | |
| Fisher的精确检验 | | | | .043 | .027 |
| 线性和线性组合 | 4.242 | 1 | .039 | | |
| 有效案例中的N | 996 | | | | |

a. 0单元格（.0%）的期望计数少于5。最小期望计数为24.90。
b. 仅对2×2表计算

**图6-11　交叉表分析结果**

| | A(X) | B(Y) | C(Y) | |
|---|---|---|---|---|
| 长名称 | 品种 | 耐贮性 | 数量 | |
| 单位 | | | | |
| 注释 | | | | |
| F(x)= | | | | |
| 1 | 1 | 1 | 482 | |
| 2 | 1 | 2 | 18 | |
| 3 | 2 | 1 | 464 | |
| 4 | 2 | 2 | 32 | |

**图6-12　两种梨子的耐贮性数据文件**

2. 单击【统计】、【描述统计】、【交叉表格和卡方】，打开数据对话框，在数据输入的行数据收缩栏中选择"品种"；在数据输入的列数据收缩栏中选择"耐贮性"；在频率收缩栏中选择"数量"。如图6-13所示。

**图 6-13 交叉表格和卡方-数据输入对话框**

3. 单击【统计】,根据需要勾选合适选项,本例题仅选择计数、预计计数,显著水平 0.05 为系统默认,如图 6-14 所示。

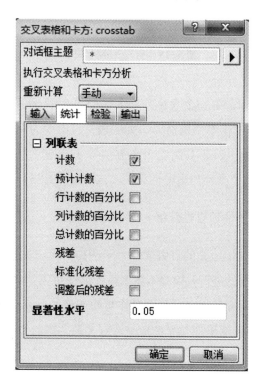

**图 6-14 交叉表格和卡方-统计对话框**

4. 单击【检验】，勾选卡方检验，其他保持默认。单击【确定】，输出结果，如图 6-15 所示。

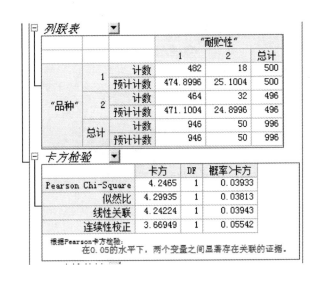

**图 6-15 交叉表分析结果**

由图 6-15 可知，第一个表格列联表输出了各观察值相对应的理论值。卡方检验表格中，由于本例题是 2×2 列联表，自由度为 1，进行卡方检验时需进行连续性矫正，因此本例题中卡方值等于 3.669，p 值等于 0.05542，大于 0.05，表明梨子品种与耐贮性无关。该结果和 SPSS 一致。

## 二、r×c 列联表的独立性分析

r×c 列联表独立性检验的自由度 df= （r-1）（c-1），因为 r、c 均大于或等于 3，df 大于 1，进行 $\chi^2$ 检验不需要做连续性矫正。

【例题 6-3】研究冬小麦品种耐旱性与原产地的关系，结果如表 6-3 所示。试分析小麦品种耐旱性与原产地是否有关系。

表 6-3　冬小麦品种耐旱性与原产地调查数据

| 原产地 | 耐旱性 | | | 合计 |
|---|---|---|---|---|
| | 极强 | 强 | 中和弱 | |
| 河南 | 116 | 231 | 107 | 454 |
| 山东 | 105 | 210 | 172 | 487 |
| 陕西 | 84 | 168 | 138 | 390 |
| 安徽 | 73 | 146 | 124 | 343 |
| 合计 | 378 | 755 | 541 | 1674 |

（一）SPSS 法

1. 启动 SPSS 软件，并建立数据文件，如图 6-16 所示。

| | 原产地 | 耐旱性 | 数量 |
|---|---|---|---|
| 1 | 1 | 1 | 116 |
| 2 | 1 | 2 | 231 |
| 3 | 1 | 3 | 107 |
| 4 | 2 | 1 | 105 |
| 5 | 2 | 2 | 210 |
| 6 | 2 | 3 | 172 |
| 7 | 3 | 1 | 84 |
| 8 | 3 | 2 | 168 |
| 9 | 3 | 3 | 138 |
| 10 | 4 | 1 | 73 |
| 11 | 4 | 2 | 146 |
| 12 | 4 | 3 | 124 |

图 6-16　冬小麦品种耐旱性与原产地的数据文件

2. 单击【数据】、【加权个案】，单击加权个案前的单选框，将"数量"填入频率变量栏中，完成频数的加权。单击【确定】。

3. 单击【分析】、【描述统计】、【交叉表】，将原产地引入行一栏中，将耐旱性引入列一栏中。单击【统计量】，勾选卡方，单击【继续】，再单击【单元格】，勾选观察值、期望值，其余选项根据需要自行设定，本例题其他选项保持默认。

4. 单击【继续】，再单击【确定】，输出结果如图 6-17 所示。

原产地\*耐旱性交叉制表

| | | | 耐旱性 | | | 合计 |
|---|---|---|---|---|---|---|
| | | | 1 | 2 | 3 | |
| 原产地 | 1 | 计数 | 116 | 231 | 107 | 454 |
| | | 期望的计数 | 102.5 | 204.8 | 146.7 | 454.0 |
| | 2 | 计数 | 105 | 210 | 172 | 487 |
| | | 期望的计数 | 110.0 | 219.6 | 157.4 | 487.0 |
| | 3 | 计数 | 84 | 168 | 138 | 390 |
| | | 期望的计数 | 88.1 | 175.9 | 126.0 | 390.0 |
| | 4 | 计数 | 73 | 146 | 124 | 343 |
| | | 期望的计数 | 77.5 | 154.7 | 110.9 | 343.0 |
| 合计 | | 计数 | 378 | 755 | 541 | 1674 |
| | | 期望的计数 | 378.0 | 755.0 | 541.0 | 1674.0 |

卡方检验

| | 值 | df | 渐进Sig.（双侧） |
|---|---|---|---|
| Pearson卡方 | 21.877[a] | 6 | .001 |
| 似然比 | 22.697 | 6 | .001 |
| 线性和线性组合 | 10.179 | 1 | .001 |
| 有效案例中的N | 1674 | | |

a. 0单元格（.0%）的期望计数少于5。最小期望计数为77.45。

**图 6-17　交叉表分析结果**

由图 6-17 可知，原产地 \* 耐旱性交叉制表中输出了各观察值相对应的理论值。卡方检验表格中，由于本例题是 4×3 列联表，自由度为 6，进行卡方检验时不需要进行连续性矫正，因此本例题卡方值等于 21.877，p 值等于 0.001，小于 0.05，表明冬小麦原产地与耐旱性有关。

（二）Origin 法

1. 建立 Origin 软件数据文件。如图 6-18 所示。

| | A(X) | B(Y) | C(Y) |
|---|---|---|---|
| 长名称 | 原产地 | 耐旱性 | 数量 |
| 单位 | | | |
| 注释 | | | |
| F(x)= | | | |
| 1 | 1 | 1 | 116 |
| 2 | 1 | 2 | 231 |
| 3 | 1 | 3 | 107 |
| 4 | 2 | 1 | 105 |
| 5 | 2 | 2 | 210 |
| 6 | 2 | 3 | 172 |
| 7 | 3 | 1 | 84 |
| 8 | 3 | 2 | 168 |
| 9 | 3 | 3 | 138 |
| 10 | 4 | 1 | 73 |
| 11 | 4 | 2 | 146 |
| 12 | 4 | 3 | 124 |

**图 6-18 冬小麦品种耐旱性与原产地的数据文件**

2. 单击【统计】、【描述统计】、【交叉表格和卡方】，打开数据对话框，在数据输入的行数据收缩栏中选择"原产地"；在数据输入的列数据收缩栏中选择"耐旱性"；在频率收缩栏中选择"数量"。

3. 单击【统计】，根据需要勾选合适的选项，本例题仅选择计数、预计计数，显著水平 0.05 为系统默认。

4. 单击【检验】，勾选卡方检验，其他保持默认。单击【确定】，输出结果如图 6-19 所示。

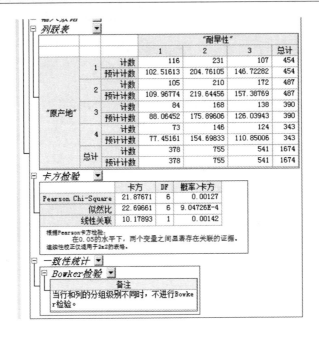

**图 6-19　交叉表分析结果**

由图 6-19 可知，该题结果和 SPSS 一致，此处不再赘述。需要注意的是，关于列联表卡方检验需根据自由度判断是否需要连续性矫正，正确选择输出结果中的卡方值。

# 习　题

1. 有一水稻杂交组合 $F_2$ 代有四种表现型，A-B-、A-bb、aaB-、aabb，该四种表现型的实际观察次数分别为 196、78、56、29，数据如表 1 所示。试检验是否符合 9：3：3：1 的理论比例。

表1 $F_2$ 群体四种表现型分离的实际观察次数和理论次数

| 表现型 | 实际观察次数（O） | 理论观察次数（E） |
|---|---|---|
| A-B- | 196 | 201.94 |
| A-bb | 78 | 67.31 |
| aaB- | 56 | 67.31 |
| aabb | 29 | 22.44 |
| 合计 | 359 | 359 |

2. 研究不同灌溉方式（深水、浅水、湿润）对水稻叶片衰老的影响。共调查548片叶片，叶片衰老程度分三级（绿叶、黄叶、枯叶），数据如表2所示。分析不同灌溉方式对叶片衰老有无影响。试进行列联表卡方检验并阐述最终结果。

表2 水稻不同灌溉方式与叶片衰老的关系

| 灌溉方式 | 绿叶 | 黄叶 | 枯叶 |
|---|---|---|---|
| 深水 | 146 | 7 | 7 |
| 浅水 | 183 | 9 | 13 |
| 湿润 | 153 | 14 | 16 |

3. 为研究追施氮肥与水稻倒伏性的关系，进行水稻灌浆期追施氮肥的试验，获得不同施肥处理下的倒伏株数的数据，如表3所示，试分析水稻植株倒伏与追施氮肥是否有关。试进行列联表卡方检验并阐述最终结果。

表3 水稻植株倒伏的观察结果

| 处理项目 | 倒伏 | 未倒伏 |
|---|---|---|
| 深水 | 132 | 106 |
| 浅水 | 49 | 182 |

4. 大麦杂交组合试验中，在 $F_2$ 的芒性状表型有钩芒、长芒和短芒三种，观察计得其株数分别为350、108、160。试测验是否符合 9：3：4 的理论比例。

# 第七章　直线回归与相关

变量之间的关系有两类：一类是变量之间存在着完全确定性的关系，称为函数关系；另一类是变量之间不存在完全的确定性关系。相关变量之间的关系分为两种：一种是因果关系；另一种是平行关系。统计学用回归分析研究呈因果关系的相关变量之间的关系；用相关分析研究呈平行关系的相关变量之间的关系。

## 第一节　直线相关分析

【例题 7-1】研究某有机氯农药用量（x，$kg/667m^2$）与施用后在叶菜中的残留量（y，$\mu g/kg$）之间的关系，测定结果如表 7-1 所示，试进行该样本的相关分析。

表 7-1　有机氯农药用量与施用后叶菜残留量

| 序号 | 1 | 2 | 3 | 4 | 5 | 6 | 7 | 8 | 9 | 10 | 11 |
|---|---|---|---|---|---|---|---|---|---|---|---|
| 农药用量（$kg/667m^2$） | 0.50 | 0.75 | 0.10 | 1.25 | 1.50 | 1.75 | 2.00 | 2.25 | 2.50 | 2.75 | 3.00 |
| 残留量（$\mu g/kg$） | 0.57 | 0.76 | 1.05 | 1.28 | 1.39 | 1.64 | 1.78 | 1.87 | 2.11 | 2.21 | 2.34 |

### 一、SPSS 法

1. 启动 SPSS 软件，并建立数据文件，如图 7-1 所示。

| | 农药用量 | 残留量 |
|---|---|---|
| 1 | .50 | .57 |
| 2 | .75 | .76 |
| 3 | .10 | 1.05 |
| 4 | 1.25 | 1.28 |
| 5 | 1.50 | 1.39 |
| 6 | 1.75 | 1.64 |
| 7 | 2.00 | 1.78 |
| 8 | 2.25 | 1.87 |
| 9 | 2.50 | 2.11 |
| 10 | 2.75 | 2.21 |
| 11 | 3.00 | 2.34 |

**图 7-1 农药用量与残留量数据文件**

2. 单击【分析】、【相关】、【双变量】，将农药用量和残留量填入变量栏中，系统默认相关系数算法为 Pearson，两尾检验，勾选标记显著性相关，如图 7-2 所示。单击【确定】，输出结果，如图 7-3 所示。

3. 由图 7-3 可知，农药用量和残留量之间相关系数为 0.95，p 值小于 0.01，表明农药用量和残留量之间存在极显著的直线相关关系。

### 二、Origin 法

1. 启动 Origin 软件，并建立数据文件，如图 7-4 所示。

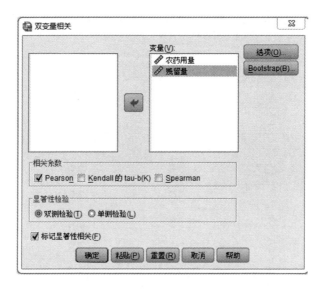

**图 7-2  双变量相关分析对话框**

相关性

| | | 农药用量 | 残留量 |
|---|---|---|---|
| 农药用量 | Pearson 相关性 | 1 | .950** |
| | 显著性（双侧） | | .000 |
| | N | 11 | 11 |
| 残留量 | Pearson 相关性 | .950** | 1 |
| | 显著性（双侧） | .000 | |
| | N | 11 | 11 |

\*\*在.01水平（双侧）上显著相关。

**图 7-3  相关分析结果输出**

| | A(X) | B(Y) |
|---|---|---|
| 长名称 | 农药用量 | 残留量 |
| 单位 | | |
| 注释 | | |
| F(x)= | | |
| 1 | 0.5 | 0.57 |
| 2 | 0.75 | 0.76 |
| 3 | 0.1 | 1.05 |
| 4 | 1.25 | 1.28 |
| 5 | 1.5 | 1.39 |
| 6 | 1.75 | 1.64 |
| 7 | 2 | 1.78 |
| 8 | 2.25 | 1.87 |
| 9 | 2.5 | 2.11 |
| 10 | 2.75 | 2.21 |
| 11 | 3 | 2.34 |

图 7-4　农药用量与残留量数据文件

2. 单击【统计】、【描述统计】、【相关系数】，在数据一栏中，通过折叠框选择目标数据，相关类型中勾选 Pearson，同时勾选输出结果中的显著性标记，如图 7-5 所示。单击【确定】，输出结果，如图 7-6 所示。结果同 SPSS。

图 7-5　相关系数对话框

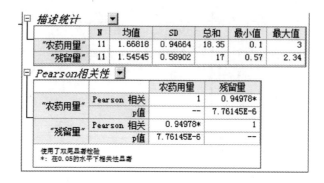

| 描述统计 | N | 均值 | SD | 总和 | 最小值 | 最大值 |
|---|---|---|---|---|---|---|
| "农药用量" | 11 | 1.66818 | 0.94664 | 18.35 | 0.1 | 3 |
| "残留量" | 11 | 1.54545 | 0.58902 | 17 | 0.57 | 2.34 |

| Pearson相关性 | | 农药用量 | 残留量 |
|---|---|---|---|
| "农药用量" | Pearson 相关 | 1 | 0.94978* |
| | p值 | -- | 7.76145E-6 |
| "残留量" | Pearson 相关 | 0.94978* | 1 |
| | p值 | 7.76145E-6 | -- |

使用了双尾显著检验
*: 在0.05的水平下相关性显著

图 7-6　相关分析结果输出

# 第二节　直线回归分析

【例题 7-2】研究某有机氯农药用量（x，kg/667m²）与施用后在叶菜中的残留量（y，μg/kg）之间的关系，测定结果如表 7-2 所示，试建立以下资料的直线回归方程。

表 7-2　有机氯农药用量与施用后叶菜残留量

| 序号 | 1 | 2 | 3 | 4 | 5 | 6 | 7 | 8 | 9 | 10 | 11 |
|---|---|---|---|---|---|---|---|---|---|---|---|
| 农药用量（kg/667m²） | 0.50 | 0.75 | 0.10 | 1.25 | 1.50 | 1.75 | 2.00 | 2.25 | 2.50 | 2.75 | 3.00 |
| 残留量（μg/kg） | 0.57 | 0.76 | 1.05 | 1.28 | 1.39 | 1.64 | 1.78 | 1.87 | 2.11 | 2.21 | 2.34 |

## 一、SPSS 法

1. 启动 SPSS 软件，并建立数据文件（见图 7-1）。

2. 单击【分析】、【回归】、【线性】，在因变量栏中输入残留量，在自变量栏中输入农药用量，其他各选项根据需要自行选择，本例题保持系统默认。单击【确定】，输出结果如图7-7所示。

模型汇总

| 模型 | R | R方 | 调整R方 | 标准 估计的误差 |
|---|---|---|---|---|
| 1 | .950ᵃ | .902 | .891 | .19429 |

a. 预测变量:（常量），农药用量。

ANOVAᵇ

| 模型 | | 平方和 | df | 均方 | F | Sig. |
|---|---|---|---|---|---|---|
| 1 | 回归 | 3.130 | 1 | 3.130 | 82.909 | .000ᵃ |
| | 残差 | .340 | 9 | .038 | | |
| | 总计 | 3.469 | 10 | | | |

a. 预测变量:（常量），农药用量。
b. 因变量:残留量。

系数ᵃ

| 模型 | | 非标准化系数 | | 标准化系数 | t | Sig. |
|---|---|---|---|---|---|---|
| | | B | 标准 误差 | 试用版 | | |
| 1 | （常量） | .560 | .123 | | 4.546 | .001 |
| | 农药用量 | .591 | .065 | .950 | 9.105 | .000 |

a. 因变量:残留量。

**图7-7 线性回归分析结果**

由图7-7模型汇总结果可知，通过线性回归得到的方程可靠程度为90.2%。方差分析结果中F值为82.909，p值小于0.01，表明农药用量和残留量之间存在极显著的直线关系。

在系数的表格中，样本的回归截距为0.56，样本回归系数为0.591。样本回归系数的t值为9.105，对应的p值小于0.01。此处是对样本回归系数的t检验，该结果和方差分析表格中的F检验结果一致。

以上结果说明农药用量和残留量之间存在极显著的直线关系，回归方

程为 $\hat{y}=0.56+0.591x$，样本的回归系数 0.591 的实际意义是，某有机氯农药每增加 $1kg/667m^2$，叶菜的残留量平均增加 $0.591\mu g/kg$。

需要说明的是，直线回归分析和直线相关分析关系十分密切。两种分析所进行的假设检验是等价的，即相关变量 Y 与 X 的相关系数显著，Y 对 X 的回归系数亦显著，相关变量 Y 与 X 的相关系数不显著，Y 对 X 回归系数亦不显著。因此，上一节中得出的相关系数也是显著的。

### 二、Origin 法

1. 启动 Origin 软件，并建立数据文件（见图 7-4）。

2. 单击【分析】、【拟合】、【线性拟合】，在数据输入栏中通过折叠框选择目标数据，其中 X 一栏为农药用量，Y 一栏为残留量，如图 7-8 所示。

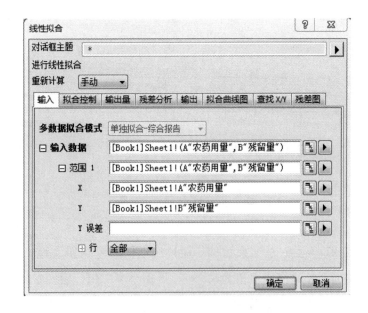

**图 7-8　线性拟合对话框**

3. 其他各选项根据需要自行选择，本例题保持系统默认。单击【确定】，输出结果如图 7-9 所示。结果同 SPSS，此处不再赘述。

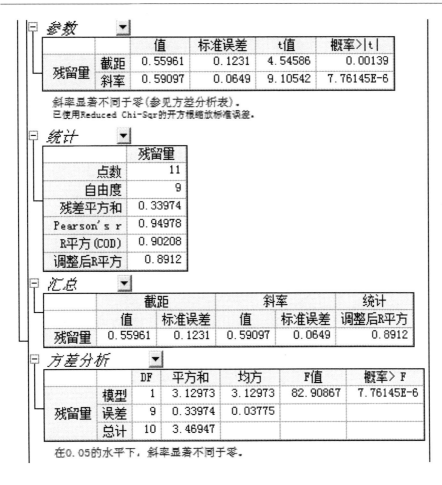

图7-9　直线回归分析结果

# 习　　题

1. 测定某小麦良种的每株穗数（X1，个）、每穗结实小穗数（X2，个）、百粒重（X3，g）、株高（X4，cm）和每株籽粒产量（Y，g）的关系，结果如表 1 所示。分别确定变量 X1、X2、X3、X4 和产量 Y 的简单相关系数，并分析结果。

表 1　小麦产量构成因素与产量

| X1 | X2 | X3 | X4 | Y |
|----|----|----|----|----|
| 10 | 23 | 3.6 | 113 | 15.7 |
| 9 | 20 | 3.6 | 106 | 14.5 |
| 10 | 22 | 3.7 | 111 | 17.5 |
| 13 | 21 | 3.7 | 109 | 22.5 |
| 10 | 22 | 3.6 | 110 | 15.5 |
| 10 | 23 | 3.5 | 103 | 16.9 |
| 8 | 23 | 3.3 | 100 | 8.6 |
| 10 | 24 | 3.4 | 114 | 17 |
| 10 | 20 | 3.4 | 104 | 13.7 |
| 10 | 21 | 3.4 | 110 | 13.4 |
| 10 | 23 | 3.9 | 104 | 20.3 |
| 8 | 21 | 3.5 | 109 | 10.2 |
| 6 | 23 | 3.2 | 114 | 7.4 |
| 8 | 21 | 3.7 | 113 | 11.6 |
| 9 | 22 | 3.6 | 105 | 12.3 |

2. 表 2 为某种物质溶液光照时间（x，h）和溶液浓度（y，mg/L）之间的关系，试建立直线回归方程，并进行回归关系显著性检验。

表 2　某物质溶液光照时间和溶液浓度之间的关系

| 光照时间（h） | 2 | 4 | 6 | 8 | 10 | 12 |
|----|----|----|----|----|----|----|
| 浓度（mg/L） | 3 | 5 | 6 | 8 | 11 | 15 |

# 第八章　多元线性回归与相关

研究多个自变量与一个依变量的回归分析称为多元回归分析，其中最基本、最常用的是多元线性回归分析。对多个变量进行相关分析时，研究一个变量与多个变量之间的线性相关称为复相关。研究其余变量保持不变的情况下两个变量之间的直线相关称为偏相关。

## 第一节　多元线性回归分析

多元线性回归分析包括建立多元线性回归方程、多元线性回归的假设检验、建立最优多元线性回归方程等内容。

依变量 y 与自变量 $x_1$，$x_2$，$x_3$，…，$x_m$ 的 m 元线性回归方程的一般形式为：$\hat{y} = b_0 + b_1 x_1 + b_2 x_2 + \cdots + b_m x_m$，其中，$b_0$ 为样本回归常数项，$b_i$（$i = 1$，2，3，…，m）为依变量 y 对自变量 $x_i$ 的样本偏回归系数，表示当其余 m-1 个自变量都固定不变时，自变量 $x_i$ 每改变一个单位，依变量 y 平均改变的数量。

如果经偏回归系数假设检验有一个或几个偏回归系数不显著，说明相应的自变量在多元线性回归方程中是不重要的，可将偏回归系数不显著的自变量从多元线性回归方程中剔除，使多元线性回归方程仅包含偏回归系数显著的自变量。剔除偏回归系数不显著的自变量的过程，称为自变量的统计选择，仅包含偏回归系数显著的自变量的多元线性回归方程称为最优多元线性回归方程。

由于自变量之间常常存在相关，当 m 元线性回归方程中偏回归系数不显著的自变量有几个时，一次只能剔除 1 个偏回归系数不显著的自变量。被剔除的自变量的偏回归系数，应是所有不显著的偏回归系数中的 F 值（或 |t| 值，或偏回归平方和）最小者。当剔除了这个偏回归系数不显著的自变量后，其余的偏回归系数原来不显著的可能变为显著，原来显著的可能变为不显著。因此，为了获得最优回归方程，剔除偏回归系数不显著的自变量要一步一步做下去，直至最后一个偏回归系数不显著的自变量被剔除、所有留在回归方程中的自变量的偏回归系数都显著为止。这种求最优多元线性回归方程的方法称为反向淘汰法。

【例题 8-1】测定某冬小麦品种在不同试验点的穗数（$x_1$，万/666.7m²）、每穗粒数（$x_2$，万/666.7m²）、千粒重（$x_3$，g）、株高（$x_4$，cm）和产量（y，kg/666.7m²），结果如表 8-1 所示，建立最优多元线性回归方程。

表 8-1　某冬小麦品种在不同试验点的数据资料

| 穗数（$x_1$） | 每穗粒数（$x_2$） | 千粒重（$x_3$） | 株高（$x_4$） | 产量（y） |
|---|---|---|---|---|
| 30.8 | 33.0 | 50.0 | 90.0 | 520.8 |
| 23.6 | 33.6 | 28.0 | 64.0 | 195.0 |
| 31.5 | 34.0 | 36.6 | 82.0 | 424.0 |
| 19.8 | 32.0 | 36.0 | 70.0 | 213.5 |
| 27.7 | 26.0 | 47.2 | 74.0 | 403.3 |
| 27.7 | 39.0 | 41.8 | 83.0 | 461.7 |
| 16.2 | 43.7 | 44.1 | 83.0 | 248.0 |
| 31.2 | 33.7 | 47.5 | 80.0 | 410.0 |
| 23.9 | 34.0 | 45.3 | 75.0 | 378.3 |
| 30.3 | 38.9 | 36.5 | 78.0 | 400.8 |
| 35.0 | 32.5 | 36.0 | 90.0 | 395.0 |
| 33.3 | 37.2 | 35.9 | 85.0 | 400.0 |

续表

| 穗数（$x_1$） | 每穗粒数（$x_2$） | 千粒重（$x_3$） | 株高（$x_4$） | 产量（$y$） |
|---|---|---|---|---|
| 27.0 | 32.8 | 35.4 | 70.0 | 267.5 |
| 25.2 | 36.2 | 42.9 | 70.0 | 361.3 |
| 23.6 | 34.0 | 33.5 | 82.0 | 233.8 |
| 21.3 | 32.9 | 38.6 | 80.0 | 210.0 |
| 21.1 | 42.0 | 23.1 | 81.0 | 168.3 |
| 19.6 | 50.0 | 40.3 | 77.0 | 400.0 |
| 21.6 | 45.1 | 39.3 | 80.0 | 319.4 |
| 32.3 | 25.6 | 39.8 | 71.0 | 376.2 |

## 一、SPSS 法

1. 启动 SPSS 软件，并建立数据文件，如图 8-1 所示。

| | 穗数x1 | 每穗粒数x2 | 千粒重x3 | 株高x4 | 产量y |
|---|---|---|---|---|---|
| 1 | 30.8 | 33.0 | 50.0 | 90.0 | 520.8 |
| 2 | 23.6 | 33.6 | 28.0 | 64.0 | 195.0 |
| 3 | 31.5 | 34.0 | 36.6 | 82.0 | 424.0 |
| 4 | 19.8 | 32.0 | 36.0 | 70.0 | 213.5 |
| 5 | 27.7 | 26.0 | 47.2 | 74.0 | 403.3 |
| 6 | 27.7 | 39.0 | 41.8 | 83.0 | 461.7 |
| 7 | 16.2 | 43.7 | 44.1 | 83.0 | 248.0 |
| 8 | 31.2 | 33.7 | 47.5 | 80.0 | 410.0 |
| 9 | 23.9 | 34.0 | 45.3 | 75.0 | 378.3 |
| 10 | 30.3 | 38.9 | 36.5 | 78.0 | 400.8 |
| 11 | 35.0 | 32.5 | 36.0 | 90.0 | 395.0 |
| 12 | 33.3 | 37.2 | 35.9 | 85.0 | 400.0 |
| 13 | 27.0 | 32.8 | 35.4 | 70.0 | 267.5 |
| 14 | 25.2 | 36.2 | 42.9 | 70.0 | 361.3 |
| 15 | 23.6 | 34.0 | 33.5 | 82.0 | 233.8 |
| 16 | 21.3 | 32.9 | 38.6 | 80.0 | 210.0 |
| 17 | 21.1 | 42.0 | 23.1 | 81.0 | 168.3 |
| 18 | 19.6 | 50.0 | 40.3 | 77.0 | 400.0 |
| 19 | 21.6 | 45.1 | 39.3 | 80.0 | 319.4 |
| 20 | 32.3 | 25.6 | 39.8 | 71.0 | 376.2 |

**图 8-1 小麦品种穗数、每穗粒数、千粒重、株高和产量测定数据**

2. 单击【分析】、【回归】、【线性】，将产量填入因变量一栏中，将穗数、每穗粒数、千粒重、株高填入自变量栏中，【方法】选择向后，单击

【统计量】，勾选模型拟合度、R方变化，单击【继续】，单击【确定】，输出结果，如图8-2所示。此模型建立过程中有众多统计量供选择，读者可根据需要自行选择。

模型汇总

| 模型 | R | R方 | 调整R方 | 标准 估计的误差 | 更改统计量 | | | | |
|---|---|---|---|---|---|---|---|---|---|
| | | | | | R方更改 | F更改 | df1 | df2 | Sig.F更改 |
| 1 | .946ᵃ | .894 | .866 | 36.51072 | .894 | 31.778 | 4 | 15 | .000 |
| 2 | .945ᵇ | .892 | .872 | 35.72845 | −.002 | .322 | 1 | 15 | .579 |

a. 预测变量：（常量），株高$X_4$，千粒重$X_3$，穗数$X_1$，每穗粒数$X_2$。
b. 预测变量：（常量），千粒重$X_3$，穗数$X_1$，每穗粒数$X_2$。

Anovaᶜ

| 模型 | | 平方和 | df | 均方 | F | Sig. |
|---|---|---|---|---|---|---|
| 1 | 回归 | 169442.198 | 4 | 42360.549 | 31.778 | .000ᵃ |
| | 残差 | 19995.492 | 15 | 1333.033 | | |
| | 总计 | 189437.689 | 19 | | | |
| 2 | 回归 | 169013.335 | 3 | 56337.778 | 44.134 | .000ᵇ |
| | 残差 | 20424.355 | 16 | 1276.522 | | |
| | 总计 | 189437.689 | 19 | | | |

a. 预测变量：（常量），株高$X_4$，千粒重$X_3$，穗数$X_1$，每穗粒数$X_2$。
b. 预测变量：（常量），千粒重$X_3$，穗数$X_1$，每穗粒数$X_2$。
c. 因变量:产量Y。

系数ᵃ

| 模型 | | 非标准化系数 | | 标准化系数 | t | Sig. |
|---|---|---|---|---|---|---|
| | | B | 标准 误差 | 试用版 | | |
| 1 | （常量） | −625.358 | 114.378 | | −5.467 | .000 |
| | 穗数$X_1$ | 15.196 | 2.127 | .809 | 7.146 | .000 |
| | 每穗粒数$X_2$ | 7.378 | 1.889 | .442 | 3.907 | .001 |
| | 千粒重$X_3$ | 9.503 | 1.342 | .621 | 7.082 | .000 |
| | 株高$X_4$ | −.847 | 1.493 | −.058 | −.567 | .579 |
| 2 | （常量） | −649.779 | 103.695 | | −6.266 | .000 |
| | 穗数$X_1$ | 14.592 | 1.801 | .777 | 8.101 | .000 |
| | 每穗粒数$X_2$ | 6.841 | 1.598 | .410 | 4.280 | .001 |
| | 千粒重$X_3$ | 9.329 | 1.278 | .609 | 7.299 | .000 |

a. 因变量:产量Y。

已排除的变量ᵇ

| 模型 | | Beta In | t | Sig. | 偏相关 | 共线性统计量 |
|---|---|---|---|---|---|---|
| | | | | | | 容差 |
| 2 | 株高$X_4$ | −.058ᵃ | −.567 | .579 | −.145 | .663 |

a. 模型中的预测变量：（常量），千粒重$X_3$，穗数$X_1$，每穗粒数$X_2$。
b. 因变量:产量Y。

**图8-2　多元线性回归分析结果**

由图 8-2 可知，从多元线性回归的结果来看，系统进行了两次拟合第一次 R 方（即决定系数）为 0.894，第二次是 0.892。从方差分析的结果可以看出，两次拟合 F 值均达到极显著水平，说明依变量与各个自变量之间存在极显著的线性关系。从系数的表格可以看出，第一次拟合过程把四个自变量全部纳入了方程中，但是其中株高 X4 的 p 值为 0.579，大于 0.05，表明依变量对 X4 的偏回归系数不显著，应该剔除，再做一次回归分析。在第二次拟合过程中 X4 剔除后，仅保留了自变量 X1、X2 和 X3，发现三个自变量的偏回归系数均达到了极显著水平。与之对应的第四个表格是已剔除的自变量 X4。

由以上结果得出最优线性回归方程为 $\hat{y} = -649.779 + 14.592x_1 + 6.841x_2 + 9.329x_3$，通过此方程可得到各个偏回归系数具体的实际意义。具体为：$b_1 = 14.592$ 的实际意义是，当每穗粒数 $x_2$ 和千粒重 $x_3$ 固定时，穗数 $x_1$ 每增加 1 万/666.7m$^2$，产量 y 将平均增加 14.592kg/666.7m$^2$。$b_2 = 6.841$ 的实际意义是，当穗数 $x_1$ 和千粒重 $x_3$ 固定时，每穗粒数 $x_2$ 每增加 1 粒，产量 y 将平均增加 6.841kg/666.7m$^2$。$b_3 = 9.329$ 的实际意义时，当穗数 $x_1$ 和每穗粒数 $x_2$ 固定时，千粒重 $x_3$ 每增加 1 克，产量 y 将平均增加 9.329kg/666.7m$^2$。同时，可根据各自变量的标准化系数的绝对值大小和符号判断对 y 影响的大小和程度。

需要说明的是，本例题通过逐步回归法得到的结果与向后法相同，但由于两种方法拟合的过程不同，不同题目得到的结果可能也不同，因此需读者实际操作比较。

## 二、Origin 法

1. 启动 Origin 软件，并建立数据文件（见图 8-1）。

2. 由于本例题通过 Origin 软件自带的【分析】、【拟合】、【多元线性回归】模块得到的方程包含所有自变量（其分析结果类似于 SPSS 软件中输入法得到的方程），在某些情况下不属于最优多元线性回归方程，因此，选择利用 General Linear Regression 的插件进行分析。

3. 打开 General Linear Regression 插件（APPs：mrcat），在数据输入对话框中通过折叠框选择依变量和自变量，如图 8-3 所示。

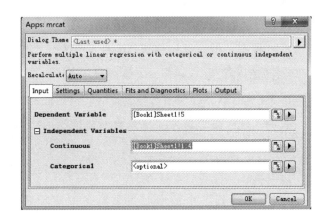

图 8-3　一般线性回归插件对话框

4. 单击【settings】，在 Model Type 中选择 Custom Model，单击 Model 后的收缩框，可以看到所有自变量均在右边一栏，说明将建立包含所有自变量的四元线性回归方程，此处可以根据需要选择保留的自变量，本例题保持系统默认，先建立一个四元线性回归方程，分析各个偏回归系数。注意：当建立线性回归方程中需要考虑任意相关变量的互作时，可在此对话框中通过同时选中变量并单击 A * B，把互作效应添加进该数学模型中。本例题不考虑互作，因此直接单击【OK】，得到分析结果如图 8-4 所示。其他参数保持默认，此模型建立过程中有众多统计量供选择，读者可根据需要自行选择。

由各个参数结果可知，这次拟合过程把四个自变量全部纳入了方程中，但是其中株高 X4 的 p 值为 0.57897，大于 0.05，表明依变量对 X4 的偏回归系数不显著，应该剔除，再做一次回归分析，如图 8-5 所示。

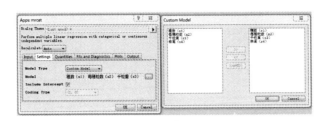

**图 8-4　APPs：mrcat 模型设定对话框**

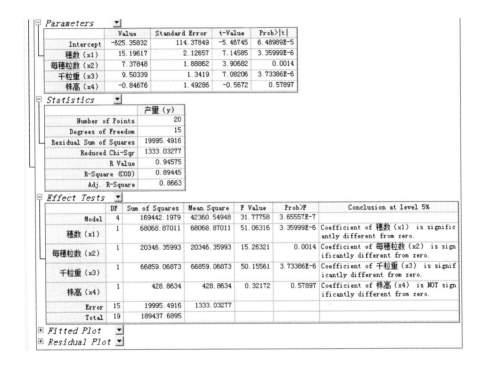

**图 8-5　多元线性回归分析结果**

　　按照上述步骤，在第四步中单击【settings】，再单击 Model 后的收缩框，选中株高 X4 移到对话框左边，如图 8-6 所示，单击【OK】，再单击【OK】，输出结果如图 8-7 所示。此次结果仅保留了自变量 X1、X2 和 X3，且三个自变量的偏回归系数均达到了极显著水平，可以建立最优线性回归方程，结果同 SPSS，此处不再详述。

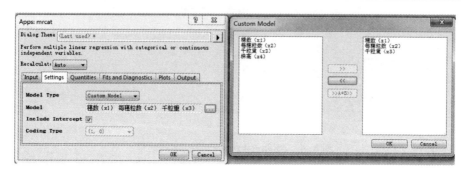

图 8-6　Apps：mrcat 模型设定对话框

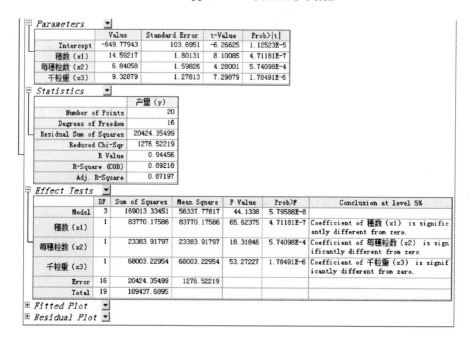

图 8-7　多元线性回归分析结果

# 第二节　多元线性相关分析

【例题 8-2】进行【例题 8-1】资料的多元线性相关分析。

## 一、SPSS 法

1. 启动 SPSS 软件，并建立数据文件（见图 8-1）。

2. 单击【分析】、【相关】、【双变量】，将穗数、每穗粒数、千粒重、株高、产量填入变量栏中，系统默认相关系数算法为 Pearson，两尾检验，勾选标记显著性相关。单击【确定】，输出结果如图 8-8 所示。

相关性

| | | 穗数x1 | 每穗粒数x2 | 千粒重x3 | 株高x4 | 产量y |
|---|---|---|---|---|---|---|
| 穗数x1 | Pearson 相关性 | 1 | -.510[*] | .161 | .300 | .666[**] |
| | 显著性（双侧） | | .022 | .498 | .198 | .001 |
| | N | 20 | 20 | 20 | 20 | 20 |
| 每穗粒数x2 | Pearson 相关性 | -.510[*] | 1 | -.156 | .241 | -.081 |
| | 显著性（双侧） | .022 | | .512 | .306 | .734 |
| | N | 20 | 20 | 20 | 20 | 20 |
| 千粒重x3 | Pearson 相关性 | .161 | -.156 | 1 | .198 | .670[**] |
| | 显著性（双侧） | .498 | .512 | | .403 | .001 |
| | N | 20 | 20 | 20 | 20 | 20 |
| 株高x4 | Pearson 相关性 | .300 | .241 | .198 | 1 | .414 |
| | 显著性（双侧） | .198 | .306 | .403 | | .070 |
| | N | 20 | 20 | 20 | 20 | 20 |
| 产量y | Pearson 相关性 | .666[**] | -.081 | .670[**] | .414 | 1 |
| | 显著性（双侧） | .001 | .734 | .001 | .070 | |
| | N | 20 | 20 | 20 | 20 | 20 |

*. 在 0.05 水平（双侧）上显著相关。
**. 在 0.01 水平（双侧）上显著相关。

**图 8-8　相关分析结果输出**

图 8-8 结果表明，产量分别和穗数、千粒重之间存在极显著的正相关关系；穗数和每穗粒数之间存在显著的负相关关系。

## 二、Origin 法

1. 启动 Origin 软件，并建立数据文件，数据格式和 SPSS 中一致（见图 8-1）。

2. 单击【统计】、【描述统计】、【相关系数】，在数据一栏中，通过折叠框选择目标数据，相关类型中勾选 Pearson，同时勾选输出结果中的显著性标记。单击【确定】，输出结果，如图 8-9 所示。此结果中的显著性是在 0.05 显著水平下标注的，可通过查看相关系数下相应的 p 值判断 0.01 水平的显著性。结果同 SPSS。

| ⊟ Pearson相关性 ▼ | | 穗数x1 | 每穗粒数x2 | 千粒重x3 | 株高x4 | 产量y |
|---|---|---|---|---|---|---|
| "穗数x1" | Pearson 相关 | 1 | −0.51007* | 0.16076 | 0.30018 | 0.65551* |
| | p值 | -- | 0.02158 | 0.49836 | 0.19848 | 0.00136 |
| "每穗粒数x2" | Pearson 相关 | −0.51007* | 1 | −0.15562 | 0.24081 | −0.08098 |
| | p值 | 0.02158 | -- | 0.51237 | 0.30643 | 0.73433 |
| "千粒重x3" | Pearson 相关 | 0.16076 | −0.15562 | 1 | 0.19779 | 0.67039* |
| | p值 | 0.49836 | 0.51237 | -- | 0.40323 | 0.00122 |
| "株高x4" | Pearson 相关 | 0.30018 | 0.24081 | 0.19779 | 1 | 0.41365 |
| | p值 | 0.19848 | 0.30643 | 0.40323 | -- | 0.06984 |
| "产量y" | Pearson 相关 | 0.65551* | −0.08098 | 0.67039* | 0.41365 | 1 |
| | p值 | 0.00136 | 0.73433 | 0.00122 | 0.06984 | -- |

使用了双尾显著性检验
*: 在0.05的水平下相关性显著

**图 8-9　相关分析结果输出**

3. 可通过 Origin 软件 Correlation Plot 插件绘制相关性热图。打开 Correlation Plot 插件对话框，选择目标变量，此处可根据需要自行选择热图的相关选项，如图 8-10 所示。单击【OK】，输出图形。也可根据不同选项输出不同形状的热图，如图 8-11 和图 8-12 所示。双击图像可根据需要自行调整热图的字体、字号、标签等各要素。

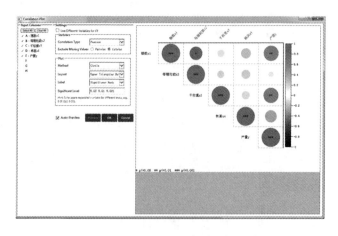

**图 8-10　Correlation Plot 插件对话框**

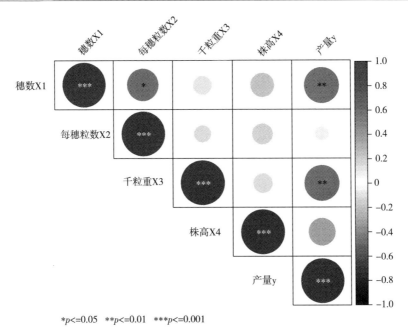

*p<=0.05　**p<=0.01　***p<=0.001

**图8-11　右上角圆形相关性热图**

*p<=0.05　**p<=0.01　***p<=0.001

**图8-12　对称方形相关性热图**

4. 通过在线工具-微生信网站（www. bioinformatics. com. cn）可以做出

如图 8-13 所示的圆形相关系数图，供读者参考。

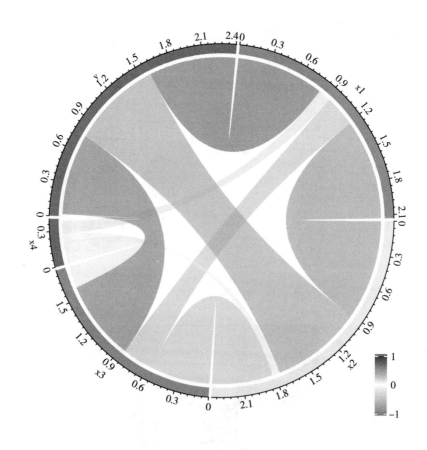

**图 8-13　圆形相关系数图**

# 第三节　偏相关分析

直线相关分析并不能真实反映两个相关变量间的关系，只有消除了其他变量的影响之后，研究两个变量间的相关，才能真实反映这两个变量间直线相关程度与性质。偏相关分析就是在研究多个相关变量间的关系时，固定其他变量不变而研究其中某两个变量直线相关程度与性质的统计分析方法。用来表示两个相关变量偏相关的程度与性质的统计数叫偏相关系数（Partial Correlation Coefficient）。在偏相关分析中，根据被固定的变量个数的多少将偏相关系数分级，偏相关系数的级数等于被固定的变量的个数。偏相关系数的取值范围为 $[-1，1]$。

【例题 8-3】进行【例题 8-1】资料的偏相关分析。

1. 启动 SPSS 软件，并建立数据文件，如图 8-14 所示。

| | 穗数x1 | 每穗粒数x2 | 千粒重x3 | 株高x4 | 产量y |
|---|---|---|---|---|---|
| 1 | 30.8 | 33.0 | 50.0 | 90.0 | 520.8 |
| 2 | 23.6 | 33.6 | 28.0 | 64.0 | 195.0 |
| 3 | 31.5 | 34.0 | 36.6 | 82.0 | 424.0 |
| 4 | 19.8 | 32.0 | 36.0 | 70.0 | 213.5 |
| 5 | 27.7 | 26.0 | 47.2 | 74.0 | 403.3 |
| 6 | 27.7 | 39.0 | 41.8 | 83.0 | 461.7 |
| 7 | 16.2 | 43.7 | 44.1 | 83.0 | 248.0 |
| 8 | 31.5 | 33.7 | 47.5 | 80.0 | 410.0 |
| 9 | 23.9 | 34.0 | 45.3 | 75.0 | 378.3 |
| 10 | 30.3 | 38.9 | 36.5 | 78.0 | 400.8 |
| 11 | 35.0 | 32.5 | 36.0 | 90.0 | 395.0 |
| 12 | 33.3 | 37.2 | 35.9 | 85.0 | 400.0 |
| 13 | 27.0 | 32.8 | 35.4 | 70.0 | 267.5 |
| 14 | 25.2 | 36.2 | 42.9 | 70.0 | 361.3 |
| 15 | 23.6 | 34.0 | 33.5 | 82.0 | 233.8 |
| 16 | 21.3 | 32.9 | 38.6 | 80.0 | 210.0 |
| 17 | 21.1 | 42.0 | 23.1 | 81.0 | 168.3 |
| 18 | 19.6 | 50.0 | 40.3 | 77.0 | 400.0 |
| 19 | 21.6 | 45.1 | 39.3 | 80.0 | 319.4 |
| 20 | 32.3 | 25.6 | 39.8 | 71.0 | 376.2 |

图 8-14 小麦品种穗数、每穗粒数、千粒重、株高和产量测定数据

2. 先计算穗数 X1 和产量的偏相关系数。单击【分析】、【相关】、【偏相关】，将穗数和产量填入变量栏中，将每穗粒数、千粒重和株高填入控制变量栏中，系统默认显著性检验为双尾，勾选显示实际显著性水平。如图 8-15 所示。单击【确定】，输出结果如图 8-16 所示。

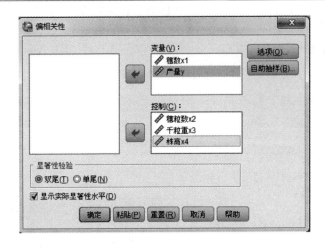

图 8-15  偏相关对话框

**相关性**

| 控制变量 | | | 穗数x1 | 产量y |
|---|---|---|---|---|
| 穗粒数x2 & 千粒重x3 & 株高x4 | 穗数x1 | 相关性 | 1.000 | .879 |
| | | 显著性（双尾） | . | .000 |
| | | 自由度 | 0 | 15 |
| | 产量y | 相关性 | .879 | 1.000 |
| | | 显著性（双尾） | .000 | . |
| | | 自由度 | 15 | 0 |

图 8-16  穗数 X1 和产量的偏相关系数分析结果

3. 用同样的方法可以算出其他偏相关系数，结果整理如表 8-2 所示。与第二节中图 8-8 和图 8-9 的简单相关相比，在相同的多变量资料中，偏相关系数与直线相关系数在数值上可以相差很大，甚至有时连正、负号都可能相反，原因在于多个相关变量间的相关性。只有偏相关系数才能真实反映这两个变量间直线相关程度与性质，而直线相关系数则可能由于其他变量的影响，反映的两个变量间的关系只是非本质的表面联系，所以是不可靠的。因此，对多个相关变量资料进行相关分析时，应进行偏相关分析。

表 8-2　偏相关分析结果

| 控制变量 | | | | 产量 Y | 穗数 X1 |
|---|---|---|---|---|---|
| 千粒重 X3 | 株高 X4 | 穗粒数 X2 | 产量 Y | 1.0000 | 0.8792** |
| | | | 穗数 X1 | 0.8792** | 1.0000 |
| 控制变量 | | | | 产量 Y | 穗粒数 X2 |
| 千粒重 X3 | 株高 X4 | 穗数 X1 | 产量 Y | 1.0000 | 0.7102** |
| | | | 穗粒数 X2 | **0.7102**\*\* | 1.0000 |
| 控制变量 | | | | 产量 Y | 千粒重 X3 |
| 株高 X4 | 穗数 X1 | 穗粒数 X2 | 产量 Y | 1.0000 | 0.8774** |
| | | | 千粒重 X3 | 0.8774** | 1.0000 |
| 控制变量 | | | | 产量 Y | 株高 X4 |
| 穗数 X1 | 穗粒数 X2 | 千粒重 X3 | 产量 Y | 1.0000 | −0.1449 |
| | | | 株高 X4 | **−0.1449** | 1.0000 |

# 习　题

1. 测定某小麦良种的每株穗数（X1，个）、每穗结实小穗数（X2，个）、百粒重（X3，g）、株高（X4，cm）和每株籽粒产量（Y，g）的关系，结果列于表 1。试作相关性分析及热图，并分析结果。再分别确定变量 X1、X2、X3、X4 和产量 Y 的偏相关系数，并分析结果。再建立最优线性回归方程，列出方程、阐述方程的意义，并比较各自变量的重要程度。

表 1　小麦产量构成因素与产量

| X1 | X2 | X3 | X4 | Y |
|---|---|---|---|---|
| 10 | 23 | 3.6 | 113 | 15.7 |
| 9 | 20 | 3.6 | 106 | 14.5 |

续表

| X1 | X2 | X3 | X4 | Y |
|---|---|---|---|---|
| 10 | 22 | 3.7 | 111 | 17.5 |
| 13 | 21 | 3.7 | 109 | 22.5 |
| 10 | 22 | 3.6 | 110 | 15.5 |
| 10 | 23 | 3.5 | 103 | 16.9 |
| 8 | 23 | 3.3 | 100 | 8.6 |
| 10 | 24 | 3.4 | 114 | 17 |
| 10 | 20 | 3.4 | 104 | 13.7 |
| 10 | 21 | 3.4 | 110 | 13.4 |
| 10 | 23 | 3.9 | 104 | 20.3 |
| 8 | 21 | 3.5 | 109 | 10.2 |
| 6 | 23 | 3.2 | 114 | 7.4 |
| 8 | 21 | 3.7 | 113 | 11.6 |
| 9 | 22 | 3.6 | 105 | 12.3 |

2. 表2中的数据为15个小麦品种在低氮水培条件下的各性状数据，进行各性状间的相关性分析，并作热图。

表2　15个小麦品种在低氮水培条件下的各性状观察值

| 品种名称 | 根重（g） | 茎重（g） | 株高（cm） | 根数 | 最大根长（cm） | 植株氮积累量（mg） |
|---|---|---|---|---|---|---|
| 新冬3号 | 0.48 | 0.88 | 24.52 | 7.00 | 10.40 | 1.36 |
| 新冬7号 | 0.30 | 0.76 | 27.66 | 7.40 | 12.38 | 1.65 |
| 新冬15号 | 0.55 | 0.81 | 19.32 | 5.00 | 13.08 | 1.11 |
| 新冬18号 | 0.21 | 0.55 | 22.82 | 6.60 | 10.78 | 1.27 |
| 新冬23号 | 0.25 | 0.38 | 20.70 | 4.80 | 15.44 | 1.44 |
| 新冬28号 | 0.47 | 0.81 | 19.50 | 5.80 | 11.50 | 1.29 |
| 邯5316 | 0.17 | 0.28 | 20.26 | 7.20 | 9.54 | 1.41 |
| 河农9901 | 0.33 | 0.52 | 20.90 | 4.80 | 11.60 | 1.64 |
| 石审6185 | 0.32 | 0.76 | 22.44 | 6.80 | 11.56 | 1.75 |

续表

| 品种名称 | 根重（g） | 茎重（g） | 株高（cm） | 根数 | 最大根长（cm） | 植株氮积累量（mg） |
|---|---|---|---|---|---|---|
| 石家庄 8 号 | 0.53 | 0.81 | 22.66 | 6.80 | 12.14 | 1.37 |
| 偃展 4110 | 0.30 | 0.47 | 19.78 | 7.20 | 12.34 | 1.37 |
| 豫麦 34 号 | 0.37 | 0.52 | 22.36 | 8.20 | 14.00 | 2.30 |
| 石 4185 | 0.21 | 0.40 | 19.78 | 5.00 | 16.66 | 1.06 |
| 新乡 9408 | 0.40 | 0.57 | 18.60 | 5.40 | 14.34 | 1.68 |
| 郑 9023 | 0.21 | 0.40 | 16.94 | 7.40 | 9.02 | 1.43 |

# 第九章　曲线回归分析

　　在农学、生物学试验研究中发现，大多数双变量之间的关系不是直线关系，而是曲线关系，例如产量与施肥量、产量与密度、光合作用效率与光合强度等之间的关系。虽然 x 在某一区间内，y 与 x 有可能是直线关系，但就 x 可能取值的整个范围而言，y 与 x 通常不是直线关系。曲线回归分析的基本任务是通过两个相关变量 y 与 x 的实际观测值建立曲线回归方程，以揭示相关变量 y 与 x 的曲线联系形式。曲线回归分析最困难和首要的任务是判断相关变量 y 与 x 的曲线关系的类型，通常通过以下两个途径判断：根据专业知识判断和利用散点图判断。

　　当曲线关系比较简单时，如指数曲线、幂函数都可以利用变量代换，将曲线关系转成直线关系，利用线性分析过程进行直线回归分析，如果是常用的曲线，还可以直接使用 SPSS 软件中 Curve Estimation 过程进行拟合，但是这些方法还存在以下两方面的问题：第一，当曲线关系极为复杂时，往往不能通过变量代换转化为直线方程；变量代换后的直线回归采用的是最小二乘法，它保证的是变化后的残差平方和最小，若变化回原始数值，则不一定是最优方程。第二，SPSS 软件中 Curve Estimation 过程只适用于有一个自变量的简单曲线拟合，拟合模式是预设好的，因此，对于较为复杂的模型无法拟合。这时使用非线性回归的方法是最合适的。Nonlinear Regression 过程是专门的非线性模型拟合过程，该过程的统计功能非常强大。同样，Origin 软件也有功能强大的非线性回归分析模块，其中众多预设好的回归模型还可根据需要在其基础上进行编辑。

# 第一节　曲线参数估计分析

【例题 9-1】测定麦后复播绿肥的生长天数（x，d）和干物质积累量（y，kg/小区）的关系，测量结果如表 9-1 所示，试做非线性回归分析。

表 9-1　绿肥的生长天数和干物质积累量观测值

| 生长天数（x，d） | 18 | 23 | 28 | 33 | 38 | 43 | 48 |
|---|---|---|---|---|---|---|---|
| 干物质量（y，kg/小区） | 56 | 68 | 80 | 141 | 210 | 315 | 478 |

1. 建立数据文件，如图 9-1 所示。

|  | 生长天数 | 干物质量 |
|---|---|---|
| 1 | 18 | 56 |
| 2 | 23 | 68 |
| 3 | 28 | 80 |
| 4 | 33 | 141 |
| 5 | 38 | 210 |
| 6 | 43 | 315 |
| 7 | 48 | 478 |

图 9-1　绿肥的生长天数和干物质积累量数据文件

2. 单击【分析】、【回归】、【曲线估计】，将干物质量输入到因变量一栏中，将生长天数输入到变量一栏中，在模型中勾选所有选项，再勾选显示 ANOVA 表格，如图 9-2 所示，单击【确定】，输出结果，如图 9-3 至图 9-15 所示。

**图 9-2 曲线估计对话框**

模型描速

| 模型名称 | | MOD_3 |
|---|---|---|
| 因变量 | 1 | 干物质量 |
| 方程 | 1 | 线性 |
| | 2 | 对数 |
| | 3 | 倒数 |
| | 4 | 二次 |
| | 5 | 三次 |
| | 6 | 复合[a] |
| | 7 | 幂[a] |
| | 8 | S[a] |
| | 9 | 增长[a] |
| | 10 | 指数[a] |
| | 11 | Logistic[a] |
| 自变量 | | 生长天数 |
| 常数 | | 包含 |
| 其值在图中标记为观测值的变量 | | 未指定 |
| 用于在方程中输入项的容差 | | .0001 |

a.该模型要求所有非缺失值为正数。

**图 9-3 模型描述**

## 线性

模型汇总

| R | R方 | 调整R方 | 估计值的标准误 |
|---|---|---|---|
| .934 | .872 | .847 | 61.137 |

自变量为生长天数。

ANOVA

| | 平方和 | df | 均方 | F | Sig. |
|---|---|---|---|---|---|
| 回归 | 127575.000 | 1 | 127575.000 | 34.132 | .002 |
| 残差 | 18688.714 | 5 | 3737.743 | | |
| 总计 | 146263.714 | 6 | | | |

自变量为生长天数。

系数

| | 未标准化系数 | | 标准化系数 | t | Sig. |
|---|---|---|---|---|---|
| | B | 标准误 | Beta | | |
| 生长天数 | 13.500 | 2.311 | .934 | 5.842 | .002 |
| （常数） | −252.929 | 79.680 | | −3.174 | .025 |

**图 9-4　线性模型拟合方差分析表和系数**

## 对数

模型汇总

| R | R方 | 调整R方 | 估计值的标准误 |
|---|---|---|---|
| .877 | .769 | .723 | 82.155 |

自变量为生长天数。

ANOVA

| | 平方和 | df | 均方 | F | Sig. |
|---|---|---|---|---|---|
| 回归 | 112516.300 | 1 | 112516.300 | 16.670 | .010 |
| 残差 | 33747.414 | 5 | 6749.483 | | |
| 总计 | 146263.714 | 6 | | | |

自变量为生长天数。

系数

| | 未标准化系数 | | 标准化系数 | t | Sig. |
|---|---|---|---|---|---|
| | B | 标准误 | Beta | | |
| ln（生长天数） | 390.598 | 95.666 | .877 | 4.083 | .010 |
| （常数） | −1153.573 | 331.159 | | −3.483 | .018 |

**图 9-5　对数模型拟合方差分析表和系数**

倒数

模型汇总

| R | R方 | 调整R方 | 估计值的标准误 |
|---|---|---|---|
| .806 | .649 | .579 | 101.342 |

自变量为生长天数。

ANOVA

| | 平方和 | df | 均方 | F | Sig. |
|---|---|---|---|---|---|
| 回归 | 94912.801 | 1 | 94912.801 | 9.242 | .029 |
| 残差 | 51350.913 | 5 | 10270.183 | | |
| 总计 | 146263.714 | 6 | | | |

自变量为生长天数。

系数

| | 未标准化系数 | | 标准化系数 | t | Sig. |
|---|---|---|---|---|---|
| | B | 标准误 | Beta | | |
| 1/生长天数 | −10168.090 | 3344.769 | −.806 | −3.040 | .029 |
| （常数） | 534.591 | 118.848 | | 4.498 | .006 |

**图9-6 倒数模型拟合方差分析表和系数**

二次

模型汇总

| R | R方 | 调整R方 | 估计值的标准误 |
|---|---|---|---|
| .998 | .997 | .995 | 11.201 |

自变量为生长天数。

ANOVA

| | 平方和 | df | 均方 | F | Sig. |
|---|---|---|---|---|---|
| 回归 | 145761.857 | 2 | 72880.929 | 580.890 | .000 |
| 残差 | 501.857 | 4 | 125.464 | | |
| 总计 | 146263.714 | 6 | | | |

自变量为生长天数。

系数

| | 未标准化系数 | | 标准化系数 | t | Sig. |
|---|---|---|---|---|---|
| | B | 标准误 | Beta | | |
| 生长天数 | −25.346 | 3.254 | −1.753 | −7.789 | .001 |
| 生长天数**2 | .589 | .049 | 2.710 | 12.040 | .000 |
| （常数） | 329.169 | 50.504 | | 6.518 | .003 |

**图9-7 二次方程模型拟合方差分析表和系数**

三次

模型汇总

| R | R方 | 调整R方 | 估计值的标准误 |
|---|---|---|---|
| .999 | .999 | .998 | 7.402 |

自变量为生长天数。

ANOVA

| | 平方和 | df | 均方 | F | Sig. |
|---|---|---|---|---|---|
| 回归 | 146099.357 | 3 | 48699.786 | 888.914 | .000 |
| 残差 | 164.357 | 3 | 54.786 | | |
| 总计 | 146263.714 | 6 | | | |

自变量为生长天数。

系数

| | 未标准化系数 | | 标准化系数 | t | Sig. |
|---|---|---|---|---|---|
| | B | 标准误 | Beta | | |
| 生长天数 | 5.574 | 12.642 | .386 | 441 | .689 |
| 生长天数**2 | −.401 | .400 | −1.849 | −1.003 | .390 |
| 生长天数**3 | .010 | .004 | 2.454 | 2.482 | .089 |
| （常数） | 27.549 | 126.022 | | .219 | .841 |

**图9-8　三次方程模型拟合方差分析表和系数**

复合

模型汇总

| R | R方 | 调整R方 | 估计值的标准误 |
|---|---|---|---|
| .989 | .979 | .975 | .130 |

自变量为生长天数。

ANOVA

| | 平方和 | df | 均方 | F | Sig. |
|---|---|---|---|---|---|
| 回归 | 3.911 | 1 | 3.911 | 231.419 | .000 |
| 残差 | .084 | 5 | .017 | | |
| 总计 | 3.995 | 6 | | | |

自变量为生长天数。

系数

| | 未标准化系数 | | 标准化系数 | t | Sig. |
|---|---|---|---|---|---|
| | B | 标准误 | Beta | | |
| 生长天数 | 1.078 | .005 | 2.690 | 203.531 | .000 |
| （常数） | 12.321 | 2.087 | | 5.903 | .002 |

因变量为ln（干物质量）。

**图9-9　复合模型拟合方差分析表和系数**

幂

模型汇总

| R | R方 | 调整R方 | 估计值的标准误 |
|---|---|---|---|
| .963 | .927 | .913 | .241 |

自变量为生长天数。

ANOVA

| | 平方和 | df | 均方 | F | Sig. |
|---|---|---|---|---|---|
| 回归 | 3.704 | 1 | 3.704 | 63.573 | .001 |
| 残差 | .291 | 5 | .058 | | |
| 总计 | 3.995 | 6 | | | |

自变量为生长天数。

系数

| | 未标准化系数 | | 标准化系数 | t | Sig. |
|---|---|---|---|---|---|
| | B | 标准误 | Beta | | |
| ln（生长天数） | 2.241 | .281 | .963 | 7.973 | .001 |
| （常数） | .064 | .062 | | 1.028 | .351 |

因变量为ln（干物质量）。

**图9-10　幂函数模型拟合方差分析表和系数**

S

模型汇总

| R | R方 | 调整R方 | 估计值的标准误 |
|---|---|---|---|
| .916 | .839 | .807 | .358 |

自变量为生长天数。

ANOVA

| | 平方和 | df | 均方 | F | Sig. |
|---|---|---|---|---|---|
| 回归 | 3.354 | 1 | 3.354 | 26.145 | .004 |
| 残差 | .641 | 5 | .128 | | |
| 总计 | 3.995 | 6 | | | |

自变量为生长天数。

系数

| | 未标准化系数 | | 标准化系数 | t | Sig. |
|---|---|---|---|---|---|
| | B | 标准误 | Beta | | |
| 1/生长天数 | −60.442 | 11.821 | −.916 | −5.113 | .004 |
| （常数） | 7.011 | .420 | | 16.692 | .000 |

因变量为ln（干物质量）。

**图9-11　S曲线方程模型拟合方差分析表和系数**

增长

模型汇总

| R | R方 | 调整R方 | 估计值的标准误 |
|---|-----|---------|----------------|
| .989 | .979 | .975 | .130 |

自变量为生长天数。

ANOVA

| | 平方和 | df | 均方 | F | Sig. |
|---|--------|-----|------|-----|------|
| 回归 | 3.911 | 1 | 3.911 | 231.419 | .000 |
| 残差 | .084 | 5 | .017 | | |
| 总计 | 3.995 | 6 | | | |

自变量为生长天数。

系数

| | 未标准化系数 | | 标准化系数 | t | Sig. |
|---|------|--------|------|-----|------|
| | B | 标准误 | Beta | | |
| 生长天数 | .075 | .005 | .989 | 15.212 | .000 |
| （常数） | 2.511 | .169 | | 14.823 | .000 |

因变量为ln（干物质量）。

**图 9-12　增长曲线模型拟合方差分析表和系数**

指数

模型汇总

| R | R方 | 调整R方 | 估计值的标准误 |
|---|-----|---------|----------------|
| .989 | .979 | .975 | .130 |

自变量为生长天数。

ANOVA

| | 平方和 | df | 均方 | F | Sig. |
|---|--------|-----|------|-----|------|
| 回归 | 3.911 | 1 | 3.911 | 231.419 | .000 |
| 残差 | .084 | 5 | .017 | | |
| 总计 | 3.995 | 6 | | | |

自变量为生长天数。

系数

| | 未标准化系数 | | 标准化系数 | t | Sig. |
|---|------|--------|------|-----|------|
| | B | 标准误 | Beta | | |
| 生长天数 | .075 | .005 | .989 | 15.212 | .000 |
| （常数） | 12.321 | 2.087 | | 5.903 | .002 |

因变量为ln（干物质量）。

**图 9-13　指数函数模型拟合方差分析表和系数**

Logistic

模型汇总

| R | R方 | 调整R方 | 估计值的标准误 |
|---|---|---|---|
| .989 | .979 | .975 | .130 |

自变量为生长天数。

ANOVA

| | 平方和 | df | 均方 | F | Sig. |
|---|---|---|---|---|---|
| 回归 | 3.911 | 1 | 3.911 | 231.419 | .000 |
| 残差 | .084 | 5 | .017 | | |
| 总计 | 3.995 | 6 | | | |

自变量为生长天数。

系数

| | 未标准化系数 | | 标准化系数 | t | Sig. |
|---|---|---|---|---|---|
| | B | 标准误 | Beta | | |
| 生长天数 | .928 | .005 | .372 | 203.531 | .000 |
| （常数） | .081 | .014 | | 5.903 | .002 |

因变量为ln（1/干物质量）。

**图9-14 Logistic 曲线模型拟合方差分析表和系数**

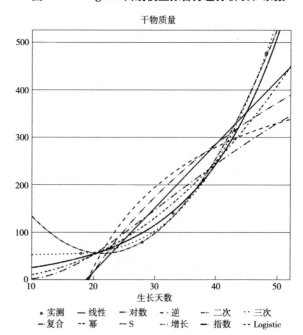

**图9-15 曲线拟合**

在这 11 种模型拟合中，如图 9-8 所示三次曲线的 $R^2$ 值最大，为 0.999，但 x 项的一次、二次、三次的偏回归系数均未达到显著水平；如图 9-6 所示，倒数曲线的 $R^2$ 值最小，为 0.649，方差分析 p 值为 0.029，若以 $p = 0.01$ 为显著水平检验，则该模型未达到显著。其余 9 种模型读者可根据具体情况自行选择。第二节中本例题将以指数函数为例进行模型拟合。

## 第二节 指数曲线回归分析

指数曲线回归方程的一般式为：$\hat{y} = ae^{bx}$，$a > 0$。

【例题 9-2】测定麦后复播绿肥的生长天数（x，d）和干物质积累量（y，kg/小区）的关系，测量结果如表 9-2 所示，试做指数函数回归分析。

表 9-2 绿肥的生长天数和干物质积累量观测值

| 生长天数（x，d） | 18 | 23 | 28 | 33 | 38 | 43 | 48 |
|---|---|---|---|---|---|---|---|
| 干物质量（y，kg/小区） | 56 | 68 | 80 | 141 | 210 | 315 | 478 |

### 一、SPSS 法

1. 启动 SPSS 软件，建立数据文件，x—生长天数，y—干物质量，如图 9-16 所示。

2. 单击【分析】、【回归】、【非线性】，将 y 输入因变量一栏，根据指数函数的表达式，再结合函数组中选择 EXP（numexpr）在模型表达式一栏中输入 a $*$ EXP（b $*$ x），如图 9-17 所示。

|   | x | y |
|---|---|---|
| 1 | 18 | 56 |
| 2 | 23 | 68 |
| 3 | 28 | 80 |
| 4 | 33 | 141 |
| 5 | 38 | 210 |
| 6 | 43 | 315 |
| 7 | 48 | 478 |

**图 9-16　绿肥生长天数和干物质量数据文件**

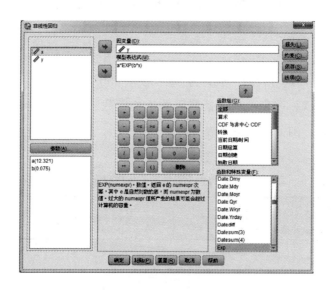

**图 9-17　非线性回归对话框**

3. 单击参数，分别输入 a 的名称和初始值 12.321，单击【添加】；再输入 b 的名称和初始值 0.075，再单击【添加】，如图 9-18 所示。注意：此处的初始值可由第一节曲线估计中图 9-13 指数函数模型的系数得到。单击【继续】，其他选项保持默认，再单击【确定】，输出运行结果，如图 9-19 所示。

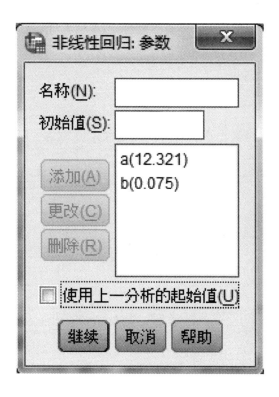

图 9-18 非线性回归-参数对话框

迭代历史记录[b]

| 迭代数[a] | 残差平方和 | 参数 | |
|---|---|---|---|
| | | a | b |
| 1.0 | 1295.015 | 12.321 | .075 |
| 1.1 | 954.161 | 9.249 | .081 |
| 2.0 | 954.161 | 9.249 | .081 |
| 2.1 | 435.937 | 9.519 | .082 |
| 3.0 | 435.937 | 9.519 | .082 |
| 3.1 | 435.911 | 9.517 | .082 |
| 4.0 | 435.911 | 9.517 | .082 |
| 4.1 | 435.911 | 9.517 | .082 |

图 9-19 迭代历史过程

由图 9-19 可知，通过 8 次迭代，残差平方和 435.911 为最小。如图 9-20 所示，得到指数函数的两个参数 a = 9.517、b = 0.082，因此，指数曲线回归方程为 $\hat{y} = 9.517e^{0.082x}$，方程 $R^2$ 为 0.997。

参数估计值

| 参数 | 估计 | 标准误 | 95%置信区间 | |
|---|---|---|---|---|
| | | | 下限 | 上限 |
| a | 9.517 | 1.107 | 6.673 | 12.362 |
| b | .082 | .003 | .075 | .088 |

参数估计值的相关性

| | a | b |
|---|---|---|
| a | 1.000 | −.992 |
| b | −.992 | 1.000 |

ANOVA[a]

| 源 | 平方和 | df | 均方 |
|---|---|---|---|
| 回归 | 405414.089 | 2 | 202707.045 |
| 残差 | 435.911 | 5 | 87.182 |
| 未更正的总计 | 405850.000 | 7 | |
| 已更正的总计 | 146263.714 | 6 | |

因变量：y。
a. $R^2 = 1 - （残差平方和）/（已更正的平方和）= .997$。

**图 9-20 指数函数模型拟合方差分析表和系数**

## 二、Origin 法

1. 启动 Origin 软件，建立数据文件，如图 9-21 所示。

2. 单击【分析】、【拟合】、【非线性曲线拟合】，打开对话框。单击设置函数选取，在类别中选择 Exponential，在函数中选择 Exp2PMod1，单击对话框显示栏中的公式，可查看函数为 $y = ae^{bx}$，如图 9-22 所示。单击【设置】—【数据选择】，可通过单击收缩箭头将目标数据输入。其余选项保持默认。

| 长名称 | A(X) | B(Y) |
|---|---|---|
| | 生长天数 | 干物质量 |
| 单位 | | |
| 注释 | | |
| F(x)= | | |
| 1 | 18 | 56 |
| 2 | 23 | 68 |
| 3 | 28 | 80 |
| 4 | 33 | 141 |
| 5 | 38 | 210 |
| 6 | 43 | 315 |
| 7 | 48 | 478 |

图 9-21 绿肥生长天数和干物质量的数据文件

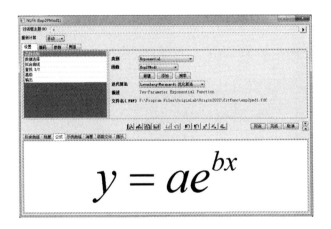

图 9-22 非线性拟合对话框

3. 单击【拟合】，输出运行结果，如图 9-23 所示。注意：此处不是单击【完成】，否则输出结果会报错，显示拟合不完整。

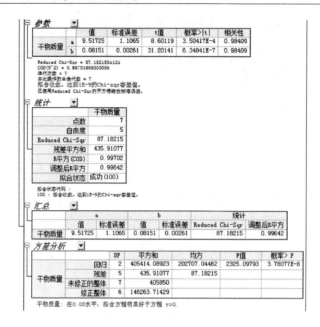

**图 9-23 指数函数模型拟合方差分析表和系数**

4. 单击 Origin 数据窗口左下角的 FitNL1 查看拟合结果和拟合曲线，如图 9-24 所示。单击 FitNLCurve1，可查看迭代过程和残差等。

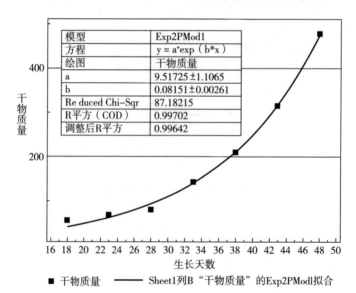

**图 9-24 指数函数模型拟合**

结果与 SPSS 软件运行结果一致。由图 9-23 可以看出，指数函数的两个参数 $a = 9.517$，$b = 0.082$，概率值均小于 0.001；方差分析 F 值为 2325.098，概率值小于 0.0001。指数曲线回归方程为 $\hat{y} = 9.517e^{0.082x}$，方程 $R^2$ 为 0.997。

# 第三节　幂函数曲线回归分析

幂函数回归方程一般形式为：$\hat{y} = ax^b$，$a > 0$。

【例题 9-3】研究大麦新品种"新啤 8 号"的粒宽和粒重的关系，测定结果如表 9-3 所示，试进行幂函数回归拟合。

表 9-3　大麦新品种"新啤 8 号"的粒宽和粒重测定值

| 大麦粒宽（x, mm） | 2.2 | 2.8 | 3.3 | 3.7 | 4.1 | 4.5 | 4.9 | 5.3 | 5.4 | 5.5 |
|---|---|---|---|---|---|---|---|---|---|---|
| 籽粒干重（y, mg） | 0.9 | 2.4 | 6.2 | 10.3 | 16.1 | 22.1 | 30.9 | 36.7 | 42.7 | 47.1 |

## 一、SPSS 法

1. 启动 SPSS 软件，建立数据文件，x 表示大麦粒宽，y 表示籽粒干重，如图 9-25 所示。

2. 单击【分析】、【回归】、【非线性】，将 y 输入因变量一栏，根据幂函数的表达式，在模型表达式一栏中输入 a * x ** b，如图 9-26 所示。

3. 单击【参数】，分别输入 a 的名称和初始值 0.033，单击【添加】；再输入 b 的名称和初始值 4.289，再单击【添加】，如图 9-27 所示。此处的初始值可通过曲线估计指令建立的幂函数模型的系数得到。单击【继续】，其他选项保持默认，再单击【确定】，输出运行结果。

| | x | y |
|---|---|---|
| 1 | 2.2 | .9 |
| 2 | 2.8 | 2.4 |
| 3 | 3.3 | 6.2 |
| 4 | 3.7 | 10.3 |
| 5 | 4.1 | 16.1 |
| 6 | 4.5 | 22.1 |
| 7 | 4.9 | 30.9 |
| 8 | 5.3 | 36.7 |
| 9 | 5.4 | 42.7 |
| 10 | 5.5 | 47.1 |

图 9-25　粒宽和粒重数据文件

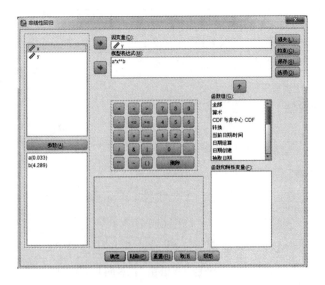

图 9-26　非线性回归对话框

**图 9-27 非线性回归对话框**

如图 9-28 和图 9-29 所示，通过 22 次迭代，残差平方和 16.284 为最小，得到幂函数的两个参数 a＝0.078，b＝3.739，因此，幂函数曲线回归方程为 $\hat{y}＝0.078x^{3.739}$，方程 $R^2$ 为 0.994。方程的意义为：大麦籽粒宽度为 1mm 时（假设 x＝1 时，此方程仍然成立，此处仅以此为例介绍该方程的意义），干重估计为 0.078mg，以后随着宽度的增加，干重迅速增加，宽度每增加 1 个自然对数单位，干重平均约增加 3.74 个自然对数单位。

迭代历史记录[b]

| 迭代数[a] | 残差平方和 | 参数 | |
|---|---|---|---|
| | | a | b |
| 1.0 | 52.714 | .033 | 4.289 |
| 1.1 | 388.389 | .063 | 3.713 |
| 1.2 | 29.752 | .035 | 4.218 |
| 2.0 | 29.752 | .035 | 4.218 |
| 2.1 | 26.363 | .042 | 4.106 |
| 3.0 | 26.363 | .042 | 4.106 |
| 3.1 | 22.324 | .049 | 4.010 |
| 4.0 | 22.324 | .049 | 4.010 |
| 4.1 | 19.423 | .057 | 3.924 |
| 5.0 | 19.423 | .057 | 3.924 |
| 5.1 | 23.615 | .072 | 3.764 |
| 5.2 | 17.685 | .061 | 3.882 |
| 6.0 | 17.685 | .061 | 3.882 |
| 6.1 | 17.227 | .070 | 3.794 |
| 7.0 | 17.227 | .070 | 3.794 |
| 7.1 | 16.478 | .078 | 3.736 |
| 8.0 | 16.478 | .078 | 3.736 |
| 8.1 | 16.284 | .078 | 3.739 |
| 9.0 | 16.284 | .078 | 3.739 |
| 9.1 | 16.284 | .078 | 3.739 |
| 10.0 | 16.284 | .078 | 3.739 |
| 10.1 | 16.284 | .078 | 3.739 |

**图 9-28 迭代历史过程**

参数估计值

| 参数 | 估计 | 标准误 | 95%置信区间 | |
|---|---|---|---|---|
| | | | 下限 | 上限 |
| a | .078 | .023 | .025 | .131 |
| b | 3.739 | .178 | 3.328 | 4.150 |

参数估计值的相关性

| | a | b |
|---|---|---|
| a | 1.000 | −.998 |
| b | −.998 | 1.000 |

ANOVA[a]

| 源 | 平方和 | df | 均方 |
|---|---|---|---|
| 回归 | 7225.836 | 2 | 3612.918 |
| 残差 | 16.284 | 8 | 2.036 |
| 未更正的总计 | 7242.120 | 10 | |
| 已更正的总计 | 2602.404 | 9 | |

因变量：y。

a.R方=1−（残差平方和）/（已更正的平方和）=.994。

**图 9-29　幂函数模型拟合方差分析表和系数**

## 二、Origin 法

1. 启动 Origin 软件，建立数据文件，如图 9-30 所示。

2. 单击【分析】、【拟合】、【非线性曲线拟合】，打开对话框。单击设置函数选取，在类别中选择 Power，在函数中选择 Allometric1，单击对话框显示栏中的公示，可查看函数为 $y = ax^b$，如图 9-31 所示。单击设置数据选择，可通过单击收缩箭头将目标数据输入。其余选项保持默认。

3. 单击【拟合】，输出运行结果，如图 9-32 所示。注意：此处不是单击【完成】，否则输出结果会报错，显示拟合不完整。

| | A (X) | B (Y) |
|---|---|---|
| 长名称 | 大麦粒宽 | 籽粒干重 |
| 单位 | | |
| 注释 | | |
| F (x)= | | |
| 1 | 2.2 | 0.9 |
| 2 | 2.8 | 2.4 |
| 3 | 3.3 | 6.2 |
| 4 | 3.7 | 10.3 |
| 5 | 4.1 | 16.1 |
| 6 | 4.5 | 22.1 |
| 7 | 4.9 | 30.9 |
| 8 | 5.3 | 36.7 |
| 9 | 5.4 | 42.7 |
| 10 | 5.5 | 47.1 |

图 9-30　大麦粒宽和粒重数据文件

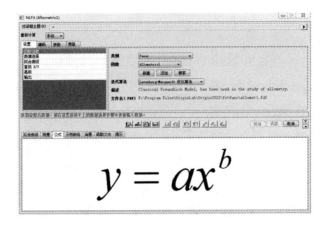

图 9-31　非线性拟合对话框

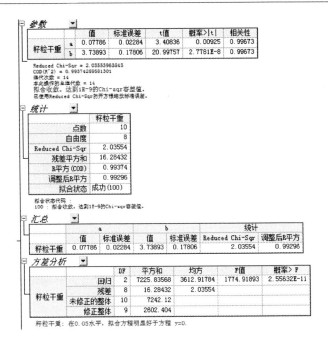

**图9-32 幂函数模型拟合方差分析表和系数**

4. 单击 Origin 数据窗口左下角的 FitNL1 查看拟合结果和拟合曲线。单击 FitNLCurve1，可查看迭代过程和残差等。

结果与 SPSS 软件运行结果一致。由图9-32可知，幂函数的两个参数 a = 0.07786，b = 3.73893，概率值小于0.01；方差分析 F 值为1774.92，概率值小于0.0001。幂函数曲线回归方程为 $\hat{y} = 0.078x^{3.739}$，方程 $R^2$ 为0.994。

# 第四节 Logistic 曲线回归分析

Logistic 函数回归方程的一般形式为：$\hat{y} = \dfrac{a}{1 + be^{-kx}}$，a、b、k 均大于0，a 为极限生长量。

**【例题 9-4】** 测定某水稻品种开花后不同天数（x，d）的平均粒重（y，mg），测定结果如表 9-4 所示，试用 Logistic 方程拟合籽粒增重和开花天数的关系。

表 9-4　某水稻品种开花后不同天数的平均粒重

| 开花天数（d） | 0 | 3 | 6 | 9 | 12 | 15 | 18 | 21 | 24 |
|---|---|---|---|---|---|---|---|---|---|
| 平均粒重（mg） | 0.3 | 0.72 | 3.31 | 9.71 | 13.09 | 16.85 | 17.79 | 18.23 | 18.43 |

## 一、SPSS 法

由于 SPSS 软件在拟合过程中需通过联立方程组，计算参数 a、b、k 的初始值，过程较为繁琐，这里不再详述，读者可参考相关资料。笔者在此处分别介绍通过 Origin 和 CurveExpert 软件拟合 Logistic 方程的过程。

## 二、Origin 法

1. 启动 Origin 软件，建立数据文件，如图 9-33 所示。

2. 单击【分析】、【拟合】、【非线性曲线拟合】，打开对话框。单击设置函数选取，在类别中选择 Growth/Sigmoidal，在函数中选择 Slogistic3，单击对话框显示栏中的公示，可查看函数为 $y = \dfrac{a}{1+be^{-kx}}$，如图 9-34 所示。单击设置数据选择，可通过单击收缩箭头将目标数据输入。其余选项保持默认。

3. 单击【拟合】，输出运行结果，如图 9-35 所示。注意：此处不是单击【完成】，否则输出结果会报错，显示拟合不完整。

| | A(X) | B(Y) |
|---|---|---|
| 长名称 | 开花天数x | 平均粒重y |
| 单位 | | |
| 注释 | | |
| F(x)= | | |
| 1 | 0 | 0.3 |
| 2 | 3 | 0.72 |
| 3 | 6 | 3.31 |
| 4 | 9 | 9.71 |
| 5 | 12 | 13.09 |
| 6 | 15 | 16.85 |
| 7 | 18 | 17.79 |
| 8 | 21 | 18.23 |
| 9 | 24 | 18.43 |

图 9-33 水稻花后不同天数的平均粒重数据文件

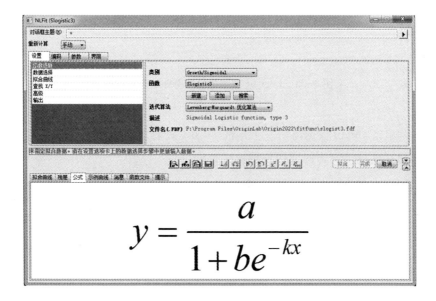

图 9-34 非线性拟合对话框

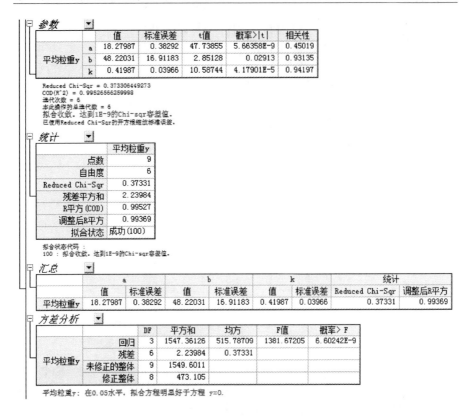

**图 9-35 Logistic 方程拟合方差分析表和系数**

4. 单击 Origin 数据窗口左下角的 FitNL1 查看拟合结果和拟合曲线。单击 FitNLCurve1，可查看迭代过程和残差等。

由图 9-35 可知，Logistic 方程的三个参数 a = 18.2799，b = 48.2203，k = 0.4199，概率值均小于 0.05；方差分析 F 值为 1381.67，概率值小于 0.0001。将各系数代入方程标准式，得到 Logistic 方程为 $\hat{y} = \dfrac{18.2799}{1+48.2203e^{-0.4199x}}$，方程 $R^2$ 为 0.995。

通过对上述方程进行一阶、二阶、三阶求导，得到以下参数（时间点）：渐增起始时间、快增终止时间、缓增终止时间、最大相对生长速率、最大生长速率出现时间（也可称作高峰点）、快速增长持续时间 T、根据速度函数的两个拐点将 Logistic 方程曲线的生长过程分为渐增期、快增期、缓增期。读者可查阅本书后附补充材料一，此处不再详述。

### 三、CurveExpert Professional 法

CurveExpert Professional 同样是一款功能十分强大的曲线分析软件，该软件的许多功能模块和 Origin 软件有相似之处，当读者掌握了 Origin 软件之后，这款软件也十分容易操作。

1. 下载并安装 CurveExpert Professional 软件。打开软件，添加自变量行，建立数据文件，x 表示开花天数，y 表示平均粒重，如图 9-36 所示。

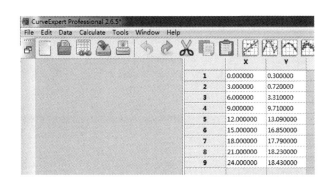

**图 9-36　水稻花后不同天数的平均粒重数据文件**

2. 单击【Calculate】、【Nonlinear Model Fit】，打开对话框，在界面左边方程类型中选择 Sigmoidal Models 下的 Logistic，该软件包含的函数非常多，可通过查看右侧公式确定是否正确，如图 9-37 所示。选定后其他选项保持默认，即可单击【OK】，输出运行结果。

3. 可通过双击左侧评分栏中 Logistic 方程得到结果细节，如图 9-38 和图 9-39 所示。结果表明，Logistic 方程的三个参数 a = 18.2799，b = 48.2203，c = 0.4199（同 Origin 软件结果中的 k 值）。Logistic 方程为 $\hat{y} = \dfrac{18.2799}{1+48.2203e^{-0.4199x}}$，$R^2$ 为 0.995，结果和 Origin 输出结果一致。

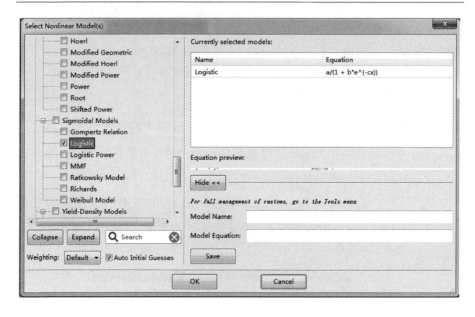

**图 9-37　Nonlinear Model 对话框**

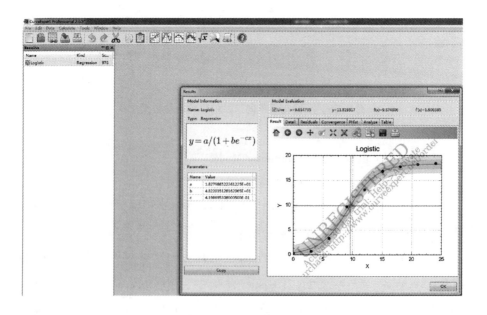

**图 9-38　Logistic 方程拟合结果概述**

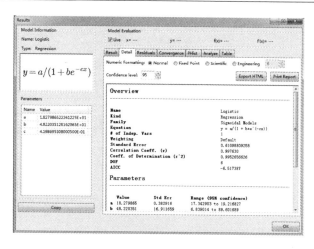

图 9-39 Logistic 方程拟合结果详述

# 习 题

1. 研究某玉米杂交品种的果穗直径（x，cm）与穗粒重（y，g）的关系，结果如表 1 所示，试进行回归分析。

表 1 玉米杂交品种的果穗直径与穗粒重的关系

| 果穗直径（x，cm） | 4.6 | 4.7 | 4.8 | 4.9 | 5.0 | 5.1 | 5.2 | 5.3 |
|---|---|---|---|---|---|---|---|---|
| 穗粒重（y，g） | 120.0 | 128.0 | 141.0 | 158.0 | 175.0 | 202.0 | 230.0 | 267.0 |

2. 观察记录某棉花品种不同发育时期纤维长度，请用 Logistic 回归方程拟合纤维发育过程。

表 2 棉花不同发育时期纤维长度

| 花后天数（d） | 5.0 | 10.0 | 15.0 | 17.0 | 19.0 | 21.0 | 23.0 | 25.0 |
|---|---|---|---|---|---|---|---|---|
| 长度均值（mm） | 2.0 | 10.8 | 18.3 | 20.7 | 23 | 23.6 | 25.5 | 26.4 |

# 第十章　多项式回归分析

　　研究一个因变量与一个或多个自变量多项式联系的回归分析方法称为多项式回归（Polynomial Regression）。只有一个自变量时，称为一元多项式回归；有多个自变量时，称为多元多项式回归。多项式回归可以处理相当一类非线性问题，它在回归分析中占有重要的地位，因为任一函数都可以分段用多项式来逼近。因此，在实际问题研究中，不论因变量与自变量的关系如何，总可以用多项式进行回归分析。

　　一元多项式回归自变量最高次数的选择。在一元多项式回归分析中，对于双变量的 n 对观测值在理论上最多只能配到 $m = n-1$ 次多项式。对于一个实际双变量的资料，一元多项式回归方程的自变量的最高次数应取多少，可以参考资料的二维散点图来确定。在一般情况下，散点所表现的曲线趋势的"'波峰'数+'波谷'数+1"，可作为一元多项式回归方程的自变量的最高次数。但若散点波动大或波峰波谷两侧不对称，可再高一次或两次。

　　一般多项式回归中较为常见的是一元二次多项式回归和一元三次多项式回归。

　　设因变量为 y，自变量为 x，则一元二次多项式回归方程的一般形式为：$\hat{y} = b_0 + b_1 x + b_2 x^2$。

　　高次多项式回归方程的一般形式为：$\hat{y}_m = b_0 + b_1 x + b_2 x^2 + \cdots + b_m x^m$。

# 第一节 一元二次多项式回归分析

【例题 10-1】研究某果园的香梨树种植密度与产量（y，kg/667m$^2$）的关系，以 4m 行距为基础，得不同株距（x，m）下的产量结果如表 10-1 所示，试做回归分析。

表 10-1 梨树种植密度与产量数据

| x | 1.88 | 2.25 | 2.63 | 3.00 | 3.38 | 3.75 | 4.13 |
|---|------|------|------|------|------|------|------|
| y | 1764 | 1791 | 2058 | 2196 | 1749 | 1338 | 879 |

## 一、SPSS 法

1. 启动 SPSS 软件，建立数据文件，x 表示株距，y 表示产量，如图 10-1 所示。

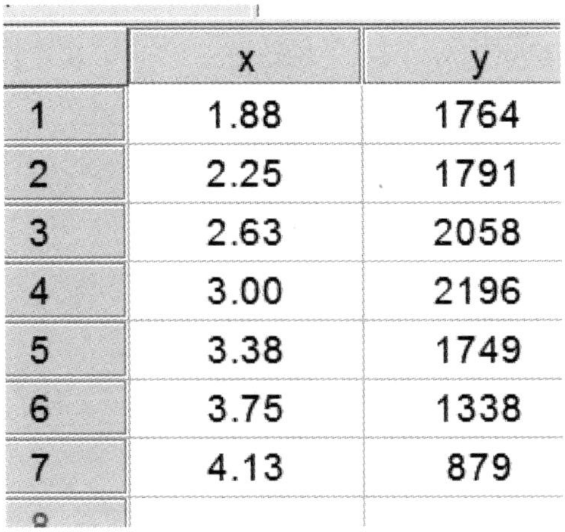

|   | x | y |
|---|------|------|
| 1 | 1.88 | 1764 |
| 2 | 2.25 | 1791 |
| 3 | 2.63 | 2058 |
| 4 | 3.00 | 2196 |
| 5 | 3.38 | 1749 |
| 6 | 3.75 | 1338 |
| 7 | 4.13 | 879 |

图 10-1 梨树种植密度与产量数据文件

2. 绘制 x、y 散点图。本例题的散点图显示只有一个波峰，如图 10-2 所示，故多项式配置次数为 2。

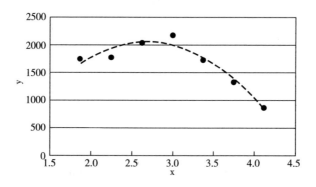

**图 10-2　梨树种植密度与产量散点图**

3. 可先通过曲线估计进行拟合。单击【分析】、【回归】、【曲线估计】，将 y 输入到因变量一栏，将 x 输入到自变量一栏，在模型中勾选二次项，勾选显示 ANOVA 表格，其他选项保持默认，如图 10-3 所示。单击【确定】，输出运行结果，如图 10-4 所示。

**图 10-3　曲线估计对话框**

二次

模型汇总

| R | R方 | 调整R方 | 估计值的标准误 |
|---|---|---|---|
| .968 | .937 | .906 | 136.566 |

自变量为x。

ANOVA

| | 平方和 | df | 均方 | F | Sig. |
|---|---|---|---|---|---|
| 回归 | 1117210.267 | 2 | 558605.134 | 29.952 | .004 |
| 残差 | 74600.590 | 4 | 18650.147 | | |
| 总计 | 1191810.857 | 6 | | | |

自变量为x。

系数

| | 非标准化系数 | | 标准化系数 | t | Sig. |
|---|---|---|---|---|---|
| | B | 标准误 | Beta | | |
| x | 3185.008 | 640.285 | 5.789 | 4.974 | .008 |
| x**2 | −591.547 | 105.957 | −6.497 | −5.583 | .005 |
| （常量） | −2215.165 | 921.470 | | −2.404 | .074 |

**图10-4 曲线估计结果**

由图10-4可知，本次拟合方差分析 F 值为 29.952，p 值为 0.004，方程为 $\hat{y} = -2215.165 + 3185.008x - 591.547x^2$，两项偏回归系数的 p 值均小于 0.01，$R^2$ 为 0.937，表明 y 与 x 的一元二次多项式回归方程的拟合度高。

4. 由于上述内容为曲线估计的结果，我们再通过变量变换转化为多元线性回归拟合一次，看两次结果是否一致。单击【转换】、【计算变量】，在目标变量一栏中输入 xx（代表 $x^2$），在数字表达式中通过单击左侧变量 x，编辑 xx 的计算公式 x * x，如图10-5所示，单击【确定】。返回数据界面，发现多了一列，即 $x^2$，如图10-6所示。

5. 单击【分析】、【回归】、【线性】，将 y 输入到因变量一栏中，将 x、xx 输入到自变量一栏中，其他选项保持默认，如图10-7所示，单击【确定】，输出运行结果。

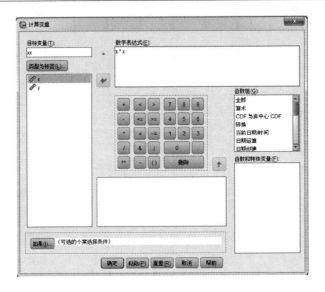

**图 10-5　计算变量对话框**

| | x | y | xx |
|---|---|---|---|
| 1 | 1.88 | 1764 | 3.53 |
| 2 | 2.25 | 1791 | 5.06 |
| 3 | 2.63 | 2058 | 6.92 |
| 4 | 3.00 | 2196 | 9.00 |
| 5 | 3.38 | 1749 | 11.42 |
| 6 | 3.75 | 1338 | 14.06 |
| 7 | 4.13 | 879 | 17.06 |

**图 10-6　转换后的数据文件**

由图 10-8 可知，本次拟合 $R^2$ 为 0.937，方差分析 F 值为 29.952，p 值为 0.004，方程为 $\hat{y} = -2215.165 + 3185.008x - 591.547x^2$，两项偏回归系数的 p 值均小于 0.01，结果和曲线回归一致。

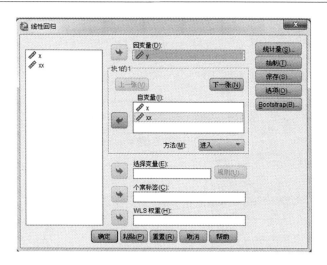

**图 10-7　线性回归对话框**

模型汇总

| 模型 | R | R方 | 调整R方 | 标准估计的误差 |
|---|---|---|---|---|
| 1 | .968[a] | .937 | .906 | 136.566 |

a.预测变量：（常量），xx, x。

Anova[b]

| 模型 | | 平方和 | df | 均方 | F | Sig. |
|---|---|---|---|---|---|---|
| 1 | 回归 | 1117210.267 | 2 | 558605.134 | 29.952 | .004[a] |
| | 残差 | 74600.590 | 4 | 18650.147 | | |
| | 总计 | 1191810.857 | 6 | | | |

a.预测变量：（常量），xx, x。
b.因变量：y。

系数[a]

| 模型 | | 非标准化系数 | | 标准化系数 | t | Sig. |
|---|---|---|---|---|---|---|
| | | B | 标准 误差 | 试用版 | | |
| 1 | （常量） | −2215.165 | 921.470 | | −2.404 | .074 |
| | x | 3185.008 | 640.285 | 5.789 | 4.974 | .008 |
| | xx | −591.547 | 105.957 | −6.497 | −5.583 | .005 |

a.因变量：y。

**图 10-8　多元线性回归分析结果**

## 二、Origin 法

1. 建立数据文件（见图 10-1）。

| | A(X) | B(Y) |
|---|---|---|
| 长名称 | 种植密度 | 产量 |
| 单位 | | |
| 注释 | | |
| F(x)= | | |
| 1 | 1.88 | 1764 |
| 2 | 2.25 | 1791 |
| 3 | 2.63 | 2058 |
| 4 | 3 | 2196 |
| 5 | 3.38 | 1749 |
| 6 | 3.75 | 1338 |
| 7 | 4.13 | 879 |

**图 10-9　种植密度和产量数据文件**

2. 单击【分析】、【拟合】、【多项式拟合】，通过单击输入数据后的折叠框选择目标数据，根据前文散点图 10-2，选择多项式阶数为 2，如图 10-10 所示。其余选项保持默认，单击【确定】，输出运行结果。

**图 10-10　多项式拟合对话框**

结果与 SPSS 软件运行结果一致，如图 10-11 所示。单击拟合曲线图和 FitPolynomialCurve1，可查看散点图和残差等。

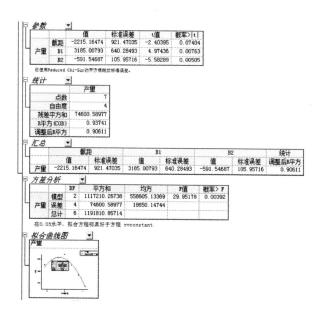

**图 10-11　多项式拟合分析结果**

### 三、通过 Excel 规划求解计算方程极值

通过上述软件得到方程为 $\hat{y} = -2215.165 + 3185.008x - 591.547x^2$，x 范围为 $1.88 \leqslant x \leqslant 4.13$，方程为一元二次，开口向下，有极大值。下面介绍通过 Excel 规划求解计算方程极值。

1. 先新建一个 Excel 文档，单击文件—选项—加载项，加载规划求解加载项，单击【确定】。

2. 通过 Excel 预留单元格 A1 为未知数 x。

3. 在 A2 单元格键盘输入方程，回车后单元格内显示 -2215.165。如图 10-12 所示。即 A2 = -2215.165 + 3185.008 * A1 - 591.547 * A1^2。

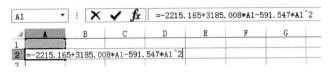

图 10-12  在 Excel 中输入方程

4. 单击数据—规划求解。点选设置目标单元格 A2 为最大值，可变单元格为 A1，再添加各约束条件 $1.88 \leqslant A1 \leqslant 4.13$。单击【求解】、【确定】，得到变量 $x = 2.6921$，最大值 $y = 2072.016$。当梨树株距为 2.6921m 时，有最大产量为 $2072.016 kg/667m^2$（见图 10-13）。

图 10-13  Excel 规划求解计算方程极大值

# 第二节  一元高次多项式回归分析

【例题 10-2】研究不同浓度生长调节剂（x，100mg/L）对小麦旗叶光合强度（y，$CO_2 mg/dm^2/h$）的影响，结果如表 10-2 所示。试做回归分析。

表 10-2　喷施不同浓度生长调节剂下小麦旗叶光合强度

| 生长调节剂浓度 x | 0.00 | 1.00 | 2.00 | 3.00 | 4.00 | 5.00 |
|---|---|---|---|---|---|---|
| 光合强度 y | 20.06 | 24.20 | 24.50 | 22.40 | 21.05 | 20.32 |

### 一、SPSS 法

1. 先做散点图观察波峰数和波谷数，本例题有一个波峰和一个波谷，如图 10-14 所示，故配置最高次数为 3。

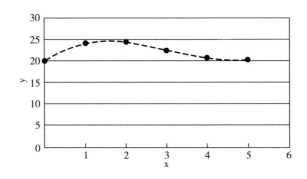

图 10-14　生长调节剂 x 与光合强度 y 散点图

2. 单击【转换】、【计算变量】，在目标变量一栏中输入 xx（代表 $x^2$），在数字表达式中通过单击左侧变量 x，编辑 xx 的计算公式 x＊x，单击【确定】。返回数据界面，发现多了一列，即 $x^2$。再按照同样的方法算出 $x^3$。单击【转换】、【计算变量】，在目标变量一栏中输入 xxx（代表 $x^3$），在数字表达式中通过单击左侧变量 x，编辑 xxx 的计算公式 x＊x＊x，单击【确定】。返回数据界面，发现多了一列，即 $x^3$，如图 10-15 所示。

3. 单击【分析】、【回归】、【线性】，将 y 输入到因变量一栏中，将 x、xx、xxx 输入到自变量一栏中，其他选项保持默认，如图 10-16 所示，单击【确定】，输出运行结果。

| | x | y | xx | xxx |
|---|---|---|---|---|
| 1 | 0 | 20.06 | 0 | 0 |
| 2 | 1 | 24.20 | 1 | 1 |
| 3 | 2 | 24.50 | 4 | 8 |
| 4 | 3 | 22.40 | 9 | 27 |
| 5 | 4 | 21.05 | 16 | 64 |
| 6 | 5 | 20.32 | 25 | 125 |

图 10-15  转换后的数据文件

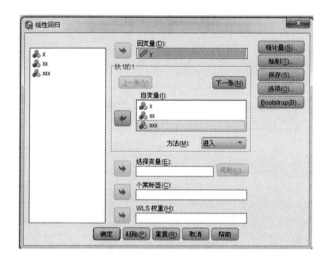

图 10-16  线性回归对话框

结果如图 10-17 所示，本次拟合 $R^2$ 为 0.99，方差分析 F 值为 66.027，p 值为 0.015，方程为 $\hat{y} = 20.096 + 6.498x - 2.758x^2 + 0.294x^3$，三项偏回归系数的 p 值均小于 0.05。

输入/移去的变量[b]

| 模型 | 输入的变量 | 移去的变量 | 方法 |
|---|---|---|---|
| 1 | xxx, x, xx[a] | | 输入 |

a.已输入所有请求的变量。
b.因变量：y。

图 10-17  多元线性回归分析结果

模型汇总

| 模型 | R | R方 | 调整R方 | 标准估计的误差 |
|---|---|---|---|---|
| 1 | .995ᵃ | .990 | .975 | .30565 |

a.预测变量：（常量），xxx, x, xx。

Anovaᵇ

| 模型 | | 平方和 | df | 均方 | F | Sig. |
|---|---|---|---|---|---|---|
| 1 | 回归 | 18.505 | 3 | 6.168 | 66.027 | .015ᵃ |
| | 残差 | .187 | 2 | .093 | | |
| | 总计 | 18.692 | 5 | | | |

a.预测变量：（常量），xxx, x, xx。
b.因变量：y。

系数ᵃ

| 模型 | | 非标准化系数 | | 标准系数 | t | Sig. |
|---|---|---|---|---|---|---|
| | | B | 标准误差 | 试用版 | | |
| 1 | （常量） | 20.096 | .300 | | 67.094 | .000 |
| | x | 6.498 | .582 | 6.288 | 11.169 | .008 |
| | xx | −2.758 | .289 | −13.899 | −9.537 | .011 |
| | xxx | .294 | .038 | 7.473 | 7.743 | .016 |

a.因变量：y。

**图 10-17　多元线性回归分析结果（续）**

## 二、Origin 法

1. 建立数据文件，如图 10-18 所示。

| 长名称 | A(X) 生长调节剂x | B(Y) 光合强度y |
|---|---|---|
| 单位 | | |
| 注释 | | |
| F(x)= | | |
| 1 | 0 | 20.06 |
| 2 | 1 | 24.2 |
| 3 | 2 | 24.5 |
| 4 | 3 | 22.4 |
| 5 | 4 | 21.05 |
| 6 | 5 | 20.32 |

**图 10-18　生长调节剂 x 与光合强度 y 数据文件**

2. 单击【分析】、【拟合】、【多项式拟合】，通过单击输入数据后的折叠框选择目标数据，根据前文散点图 10-14，选择多项式阶数为 3，如图 10-19 所示。其余选项保持默认，单击【确定】，输出运行结果。

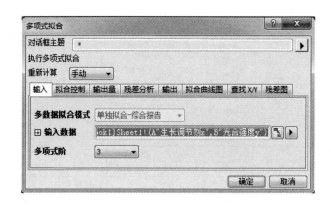

**图 10-19　多项式拟合对话框**

结果与 SPSS 软件运行结果一致，如图 10-20 所示。单击【拟合曲线图】和【FitPolynomialCurve1】，可查看散点图和残差等。此处读者可将多项式阶数设为 4 试一试，结果显示偏回归系数 p 值大于 0.05，差异不显著，证明了本例题最高阶数为 3 的正确性。此处不再详述。

### 三、通过 Excel 规划求解计算方程极值

通过上述软件得到方程为 $\hat{y}=20.096+6.498x-2.758x^2+0.294x^3$，x 范围为 $0\leqslant x\leqslant5$，方程为一元三次，有波峰和波谷，即有极大值和极小值。下面介绍通过 Excel 规划求解计算方程极值。

1. 先加载 Excel 规划求解工具，新建 Excel 文档，预留单元格 A1 为未知数 x。

2. 在 A2 单元格键盘输入方程，回车后单元格内显示 20.096。如图 10-21 所示。即 A2=20.096+6.498 * A1-2.758 * A1^2+0.294 * A1^3。

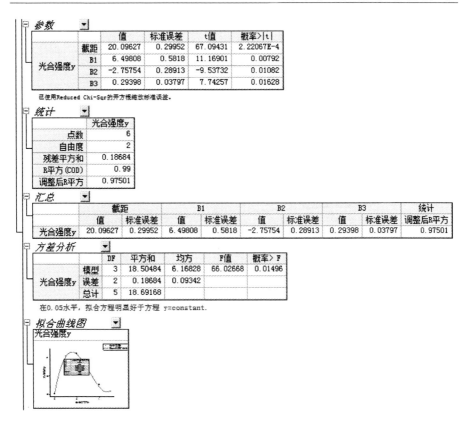

**图 10-20　多项式拟合分析结果**

**图 10-21　Excel 中输入方程**

3. 单击【数据】—【规划求解】。点选目标单元格 A2 值为最大值，可变单元格为 A1，再添加各约束条件 0≤A1≤5，如图 10-22 所示。单击【确定】，得到变量 x = 1.574，最大值 y = 24.637。

**图 10-22　Excel 规划求解计算方程极大值**

4. 用同样的方法，设置目标值为最小值，得到变量 x = 0，最小值 y = 20.096。

# 第三节　二元二次多项式回归分析

设因变量为 y，自变量为 $x_1$、$x_2$，则二元二次多项式回归方程的一般形式为：$\hat{y} = b_0 + b_1 x_1 + b_2 x_2 + b_{11} x_1^2 + b_{22} x_2^2 + b_{12} x_1 x_2$。

【例题 10-3】设有一小麦的氮磷试验，施氮量分别为 0kg、2.5kg、5kg、7.5kg、10kg 共 5 个水平，施磷量分别为 0kg、2kg、4kg、6kg 共 4 个水平，各小区的产量结果列于表 10-3 中，试建立多元多项式回归方程，并解释方程的意义。

表 10-3 不同氮磷配比下小麦产量        单位：kg/小区

| P_2O_5 | N | | | | |
|---|---|---|---|---|---|
| | 0 | 2.5 | 5 | 7.5 | 10 |
| 0 | 84.5 | 108.0 | 142.0 | 175.0 | 161.0 |
| 2 | 105.5 | 131.5 | 165.5 | 198.0 | 172.0 |
| 4 | 156.0 | 177.0 | 211.0 | 245.0 | 233.5 |
| 6 | 154.0 | 188.0 | 217.0 | 255.0 | 235.5 |

## 一、SPSS 法

1. 启动 SPSS 软件，建立原始数据文件，如图 10-23 所示。图中 N、P、Y 分别代表试验中施氮水平、施磷水平和小麦产量。

| | N | P | Y |
|---|---|---|---|
| 1 | .00 | .00 | 84.50 |
| 2 | .00 | 2.00 | 105.50 |
| 3 | .00 | 4.00 | 156.00 |
| 4 | .00 | 6.00 | 154.00 |
| 5 | 2.50 | .00 | 108.00 |
| 6 | 2.50 | 2.00 | 131.50 |
| 7 | 2.50 | 4.00 | 177.00 |
| 8 | 2.50 | 6.00 | 188.00 |
| 9 | 5.00 | .00 | 142.00 |
| 10 | 5.00 | 2.00 | 165.50 |
| 11 | 5.00 | 4.00 | 211.00 |
| 12 | 5.00 | 6.00 | 217.00 |
| 13 | 7.50 | .00 | 175.50 |
| 14 | 7.50 | 2.00 | 198.00 |
| 15 | 7.50 | 4.00 | 245.00 |
| 16 | 7.50 | 6.00 | 255.00 |
| 17 | 10.00 | .00 | 161.00 |
| 18 | 10.00 | 2.00 | 172.00 |
| 19 | 10.00 | 4.00 | 233.50 |
| 20 | 10.00 | 6.00 | 235.50 |

图 10-23 原始数据文件

2. 单击【转换】，计算变量，得到计算变量对话框，如图 10-24 所示。在目标变量中输入 N2 代表 N 的平方，在数字表达式一栏中通过选择左侧变量和下方的运算符号输入计算公式 N＊N，单击【确定】，得到 N2 的数据。以此类推，得到 P2 和 NP（分别代表 P 的平方和 N 与 P 的乘积），如图 10-25 所示。

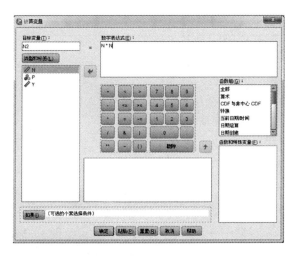

**图 10-24　计算变量对话框**

| ⚲ N | ⚘ P | ⚲ Y | ⚲ N2 | ⚘ P2 | ⚘ NP |
|---|---|---|---|---|---|
| .00 | .00 | 84.50 | .00 | .00 | .00 |
| .00 | 2.00 | 105.50 | .00 | 4.00 | .00 |
| .00 | 4.00 | 156.00 | .00 | 16.00 | .00 |
| .00 | 6.00 | 154.00 | .00 | 36.00 | .00 |
| 2.50 | .00 | 108.00 | 6.25 | .00 | .00 |
| 2.50 | 2.00 | 131.50 | 6.25 | 4.00 | 5.00 |
| 2.50 | 4.00 | 177.00 | 6.25 | 16.00 | 10.00 |
| 2.50 | 6.00 | 188.00 | 6.25 | 36.00 | 15.00 |
| 5.00 | .00 | 142.00 | 25.00 | .00 | .00 |
| 5.00 | 2.00 | 165.50 | 25.00 | 4.00 | 10.00 |
| 5.00 | 4.00 | 211.00 | 25.00 | 16.00 | 20.00 |
| 5.00 | 6.00 | 217.00 | 25.00 | 36.00 | 30.00 |
| 7.50 | .00 | 175.50 | 56.25 | .00 | .00 |
| 7.50 | 2.00 | 198.00 | 56.25 | 4.00 | 15.00 |
| 7.50 | 4.00 | 245.00 | 56.25 | 16.00 | 30.00 |
| 7.50 | 6.00 | 255.00 | 56.25 | 36.00 | 45.00 |
| 10.00 | .00 | 161.00 | 100.00 | .00 | .00 |
| 10.00 | 2.00 | 172.00 | 100.00 | 4.00 | 20.00 |
| 10.00 | 4.00 | 233.50 | 100.00 | 16.00 | 40.00 |
| 10.00 | 6.00 | 235.50 | 100.00 | 36.00 | 60.00 |

**图 10-25　氮磷组合数据文件**

3. 单击【分析】、【回归】、【线性】，得到对话框，在因变量中选择 Y，在自变量中输入 N、P、N2、P2 和 NP，如图 10-26 所示。方法中有输入、步进、除去、后退、前进五种方法供选择。

第一，输入：所有自变量都进入方程，没有变量的剔除。

第二，步进：通过逐步回归法建立回归模型。

第三，除去：在建立回归模型前先设定一定条件，在建立方程时根据条件删除自变量。

第四，后退：首先让所有自变量进入回归方程中，然后根据条件逐一删除，直到方程中再没有满足删除条件的自变量为止。

第五，前进：逐一让满足条件的自变量进入回归方程，直到没有满足进入标准的自变量为止。

本例题依次按照上述五种方法建立回归模型。

4. 在方法中选择【输入】，如图 10-26，单击【确定】，输出结果，如图 10-27 所示。

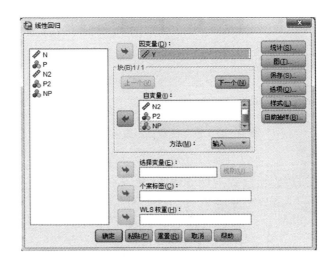

**图 10-26　线性回归对话框**

**输入/除去的变量[a]**

| 模型 | 输入的变量 | 除去的变量 | 方法 |
|---|---|---|---|
| 1 | NP, N2, P2, N, P[b] | . | 输入 |

a. 因变量：Y

b. 已输入所请求的所有变量。

**模型摘要**

| 模型 | R | R方 | 调整后R方 | 标准估算的错误 | 更改统计 | | | | |
|---|---|---|---|---|---|---|---|---|---|
| | | | | | R方变化量 | F变化量 | 自由度1 | 自由度2 | 显著性F变化量 |
| 1 | .964[a] | .930 | .905 | 14.77191 | .930 | 37.272 | 5 | 14 | .000 |

a. 预测变量：(常量), NP, N2, P2, N, P

**ANOVA[a]**

| 模型 | | 平方和 | 自由度 | 均方 | F | 显著性 |
|---|---|---|---|---|---|---|
| 1 | 回归 | 40665.806 | 5 | 8133.161 | 37.272 | .000[b] |
| | 残差 | 3054.931 | 14 | 218.209 | | |
| | 总计 | 43720.738 | 19 | | | |

a. 因变量：Y

b. 预测变量：(常量), NP, N2, P2, N, P

**系数[a]**

| 模型 | | 未标准化系数 | | 标准化系数 | t | 显著性 |
|---|---|---|---|---|---|---|
| | | B | 标准错误 | Beta | | |
| 1 | (常量) | 76.074 | 10.869 | | 6.999 | .000 |
| | N | 18.275 | 3.524 | 1.382 | 5.186 | .000 |
| | P | 18.922 | 5.576 | .905 | 3.393 | .004 |
| | N2 | -.986 | .316 | -.777 | -3.121 | .008 |
| | P2 | -.931 | .826 | -.279 | -1.128 | .278 |
| | NP | .104 | .418 | .039 | .249 | .807 |

a. 因变量：Y

**图 10-27 进入法建立回归模型结果**

结果表明，用输入法建立的方程 $R^2$ 为 0.93；方差分析表明，各变量 N、P、N2、P2、NP 与 Y 有极显著的线性回归关系；但是各回归系数的检验结果表明，仅 N、P、N2 相应的 p 值小于 0.05，达到显著水平，可以进入方程，其他变量不能进入方程。因此，用此方法得到的模型不是最优方程。

5. 用同样的方法选择变量，本次选择步进的方法建立模型，结果如图 10-28 所示。

**输入/除去的变量**[a]

| 模型 | 输入的变量 | 除去的变量 | 方法 |
|---|---|---|---|
| 1 | NP | . | 步进（条件：要输入的 F 的概率 <= .050，要除去的 F 的概率 >= .100） |

a. 因变量：Y

**模型摘要**

| 模型 | R | R 方 | 调整后 R 方 | 标准估算的错误 | R 方变化量 | F 变化量 | 自由度 1 | 自由度 2 | 显著性 F 变化量 |
|---|---|---|---|---|---|---|---|---|---|
| | | | | | | | 更改统计 | | |
| 1 | .840[a] | .706 | .689 | 26.74094 | .706 | 43.141 | 1 | 18 | .000 |

a. 预测变量：(常量)，NP

**ANOVA**[a]

| 模型 | | 平方和 | 自由度 | 均方 | F | 显著性 |
|---|---|---|---|---|---|---|
| 1 | 回归 | 30849.337 | 1 | 30849.337 | 43.141 | .000[b] |
| | 残差 | 12871.400 | 18 | 715.078 | | |
| | 总计 | 43720.738 | 19 | | | |

a. 因变量：Y

b. 预测变量：(常量)，NP

**系数**[a]

| 模型 | | 未标准化系数 | | 标准化系数 | t | 显著性 |
|---|---|---|---|---|---|---|
| | | B | 标准错误 | Beta | | |
| 1 | (常量) | 141.763 | 7.910 | | 17.922 | .000 |
| | NP | 2.268 | .345 | .840 | 6.568 | .000 |

a. 因变量：Y

**排除的变量**[a]

| 模型 | | 输入 Beta | t | 显著性 | 偏相关 | 共线性统计 容差 |
|---|---|---|---|---|---|---|
| 1 | N | .233[b] | 1.490 | .155 | .340 | .625 |
| | P | .206[b] | 1.252 | .228 | .291 | .583 |
| | N2 | .118[b] | .736 | .471 | .176 | .655 |
| | P2 | .150[b] | .918 | .372 | .217 | .617 |

a. 因变量：Y

**图 10-28 步进法建立回归模型结果**

结果表明，用步进法建立的方程 $R^2$ 为 0.706；方差分析表明，变量与 y 有极显著的线性回归关系；但是各回归系数的检验结果表明，仅 NP 的 p 值小于 0.05，达到显著水平，可以进入方程，其他变量 N、P、N2、P2 的 p

值均大于 0.05，未达到显著水平，不能进入方程。

6. 用同样的方法选择变量，本次选择除去的方法建立模型，结果如图 10-29 所示。

**输入/除去的变量^a**

| 模型 | 输入的变量 | 除去的变量 | 方法 |
|---|---|---|---|
| 1 | NP, N2, P2, N, P^b | . | 输入 |
| 2 | . | P, N, NP, N2, P2^c | 除去 |

a. 因变量：Y

b. 已输入所请求的所有变量。

c. 已除去所请求的所有变量。

**模型摘要**

| 模型 | R | R 方 | 调整后 R 方 | 标准估算的错误 | 更改统计 | | | | |
|---|---|---|---|---|---|---|---|---|---|
| | | | | | R 方变化量 | F 变化量 | 自由度 1 | 自由度 2 | 显著性 F 变化量 |
| 1 | .964^a | .930 | .905 | 14.77191 | .930 | 37.272 | 5 | 14 | .000 |
| 2 | .000^b | .000 | .000 | 47.96969 | -.930 | 37.272 | 5 | 14 | .000 |

a. 预测变量：(常量), NP, N2, P2, N, P

b. 预测变量：(常量)

**ANOVA^a**

| 模型 | | 平方和 | 自由度 | 均方 | F | 显著性 |
|---|---|---|---|---|---|---|
| 1 | 回归 | 40665.806 | 5 | 8133.161 | 37.272 | .000^b |
| | 残差 | 3054.931 | 14 | 218.209 | | |
| | 总计 | 43720.738 | 19 | | | |
| 2 | 回归 | .000 | 0 | .000 | | .^c |
| | 残差 | 43720.738 | 19 | 2301.091 | | |
| | 总计 | 43720.738 | 19 | | | |

a. 因变量：Y

b. 预测变量：(常量), NP, N2, P2, N, P

c. 预测变量：(常量)

**系数^a**

| 模型 | | 未标准化系数 | | 标准化系数 | t | 显著性 |
|---|---|---|---|---|---|---|
| | | B | 标准错误 | Beta | | |
| 1 | (常量) | 76.074 | 10.869 | | 6.999 | .000 |
| | N | 18.275 | 3.524 | 1.382 | 5.186 | .000 |
| | P | 18.922 | 5.576 | .905 | 3.393 | .004 |
| | N2 | -.986 | .316 | -.777 | -3.121 | .008 |
| | P2 | -.931 | .826 | -.279 | -1.128 | .278 |
| | NP | .104 | .418 | .039 | .249 | .807 |
| 2 | (常量) | 175.775 | 10.726 | | 16.387 | .000 |

**图 10-29 除去法建立回归模型结果**

结果表明，用除去法无法建立含有自变量的方程。

7. 用同样的方法选择变量，本次选择【后退】的方法建立模型，结果如图 10-30 所示。

**输入/除去的变量ᵃ**

| 模型 | 输入的变量 | 除去的变量 | 方法 |
|---|---|---|---|
| 1 | NP, N2, P2, N, Pᵇ | . | 输入 |
| 2 | . | NP | 向后（准则：要除去的 F 的概率 >= .100）。 |
| 3 | . | P2 | 向后（准则：要除去的 F 的概率 >= .100）。 |

a. 因变量：Y

b. 已输入所请求的所有变量。

**模型摘要**

| 模型 | R | R 方 | 调整后 R 方 | 标准估算的错误 | 更改统计 | | | | |
|---|---|---|---|---|---|---|---|---|---|
| | | | | | R 方变化量 | F 变化量 | 自由度 1 | 自由度 2 | 显著性 F 变化量 |
| 1 | .964ᵃ | .930 | .905 | 14.77191 | .930 | 37.272 | 5 | 14 | .000 |
| 2 | .964ᵇ | .930 | .911 | 14.30257 | .000 | .062 | 1 | 14 | .807 |
| 3 | .961ᶜ | .923 | .909 | 14.46108 | -.006 | 1.357 | 1 | 15 | .262 |

a. 预测变量：(常量), NP, N2, P2, N, P

b. 预测变量：(常量), N2, P2, N, P

c. 预测变量：(常量), N2, N, P

**ANOVAᵃ**

| 模型 | | 平方和 | 自由度 | 均方 | F | 显著性 |
|---|---|---|---|---|---|---|
| 1 | 回归 | 40665.806 | 5 | 8133.161 | 37.272 | .000ᵇ |
| | 残差 | 3054.931 | 14 | 218.209 | | |
| | 总计 | 43720.738 | 19 | | | |
| 2 | 回归 | 40652.286 | 4 | 10163.072 | 49.682 | .000ᶜ |
| | 残差 | 3068.451 | 15 | 204.563 | | |
| | 总计 | 43720.738 | 19 | | | |
| 3 | 回归 | 40374.774 | 3 | 13458.258 | 64.356 | .000ᵈ |
| | 残差 | 3345.964 | 16 | 209.123 | | |
| | 总计 | 43720.738 | 19 | | | |

a. 因变量：Y

b. 预测变量：(常量), NP, N2, P2, N, P

c. 预测变量：(常量), N2, P2, N, P

d. 预测变量：(常量), N2, N, P

**图 10-30 后退法建立回归模型结果**

系数[a]

| 模型 | | 未标准化系数 | | 标准化系数 | t | 显著性 |
|------|------|------|------|------|------|------|
| | | B | 标准错误 | Beta | | |
| 1 | (常量) | 76.074 | 10.869 | | 6.999 | .000 |
| | N | 18.275 | 3.524 | 1.382 | 5.186 | .000 |
| | P | 18.922 | 5.576 | .905 | 3.393 | .004 |
| | N2 | -.986 | .316 | -.777 | -3.121 | .008 |
| | P2 | -.931 | .826 | -.279 | -1.128 | .278 |
| | NP | .104 | .418 | .039 | .249 | .807 |
| 2 | (常量) | 74.514 | 8.599 | | 8.666 | .000 |
| | N | 18.587 | 3.189 | 1.406 | 5.829 | .000 |
| | P | 19.442 | 5.006 | .930 | 3.884 | .001 |
| | N2 | -.986 | .306 | -.777 | -3.223 | .006 |
| | P2 | -.931 | .800 | -.279 | -1.165 | .262 |
| 3 | (常量) | 78.239 | 8.070 | | 9.695 | .000 |
| | N | 18.587 | 3.224 | 1.406 | 5.765 | .000 |
| | P | 13.855 | 1.446 | .663 | 9.581 | .000 |
| | N2 | -.986 | .309 | -.777 | -3.188 | .006 |

a. 因变量：Y

排除的变量[a]

| 模型 | | 输入 Beta | t | 显著性 | 偏相关 | 共线性统计 容差 |
|------|------|------|------|------|------|------|
| 2 | NP | .039[b] | .249 | .807 | .066 | .208 |
| 3 | NP | .039[c] | .247 | .808 | .064 | .208 |
| | P2 | -.279[c] | -1.165 | .262 | -.288 | .082 |

a. 因变量：Y

b. 模型中的预测变量：(常量), N2, P2, N, P

c. 模型中的预测变量：(常量), N2, N, P

**图10-30 后退法建立回归模型结果（续）**

结果表明，后退法分三次进行了方程的拟合，$R^2$ 分别为 0.93、0.93、0.923；方差分析表明，三次拟合中进入方程的各变量均与 Y 有极显著的线性回归关系；但是各回归系数的检验结果表明，第三次建立的方程中 N、P、N2 的 p 值小于 0.05，达到显著水平，可以进入方程。

8. 用同样的方法选择变量，本次选择【前进】的方法建立模型，结果如图 10-31 所示。

结果表明，用前进法建立的方程 $R^2$ 为 0.706；方差分析表明，变量与 y 有极显著的线性回归关系；但是回归系数的检验结果表明，仅 NP 的 p 值小于 0.05，达到显著水平，可以进入方程，其他变量 N、P、N2、P2 的 p 值均大于 0.05，未达到显著水平，不能进入方程。该结果和步进法的结果一致。

**输入/除去的变量[a]**

| 模型 | 输入的变量 | 除去的变量 | 方法 |
|---|---|---|---|
| 1 | NP | | 向前 (准则：要输入的 F 的概率 <= .050) |

a. 因变量：Y

**模型摘要**

| 模型 | R | R 方 | 调整后 R 方 | 标准估算的错误 | 更改统计 | | | | 显著性 F 变化量 |
|---|---|---|---|---|---|---|---|---|---|
| | | | | | R 方变化量 | F 变化量 | 自由度 1 | 自由度 2 | |
| 1 | .840[a] | .706 | .689 | 26.74094 | .706 | 43.141 | 1 | 18 | .000 |

a. 预测变量：(常量), NP

**ANOVA[a]**

| 模型 | | 平方和 | 自由度 | 均方 | F | 显著性 |
|---|---|---|---|---|---|---|
| 1 | 回归 | 30849.337 | 1 | 30849.337 | 43.141 | .000[b] |
| | 残差 | 12871.400 | 18 | 715.078 | | |
| | 总计 | 43720.738 | 19 | | | |

a. 因变量：Y

b. 预测变量：(常量), NP

**系数[a]**

| 模型 | | 未标准化系数 | | 标准化系数 | t | 显著性 |
|---|---|---|---|---|---|---|
| | | B | 标准错误 | Beta | | |
| 1 | (常量) | 141.763 | 7.910 | | 17.922 | .000 |
| | NP | 2.268 | .345 | .840 | 6.568 | .000 |

a. 因变量：Y

**排除的变量[a]**

| 模型 | | 输入 Beta | t | 显著性 | 偏相关 | 共线性统计 容差 |
|---|---|---|---|---|---|---|
| 1 | N | .233[b] | 1.490 | .155 | .340 | .625 |
| | P | .206[b] | 1.252 | .228 | .291 | .583 |
| | N2 | .118[b] | .736 | .471 | .176 | .655 |
| | P2 | .150[b] | .918 | .372 | .217 | .617 |

a. 因变量：Y

b. 模型中的预测变量：(常量), NP

**图 10-31 前进法建立回归模型结果**

由于不同回归方法变量的进入和剔除的方法不同，建立的模型数量和模型中的参数也不同。从本例题来看，用前进法和步进法建立的回归模型相同，模型中仅有常数项和氮磷交互项，方程为 $y=141.763+2.268NP$。根据设置试验的目的，这个模型是不能满足建立回归方程的初衷。用进入法虽然可以建立全因子方程 $y=76.074+18.275N+18.922P-0.986N^2-0.931P2+0.104NP$，但是各回归系数的检验结果表明，仅 N、P、N2 相应的 p 值小于0.05，达到显著水平，可以进入方程，其他变量不能进入方程。因此，用此方法得到的模型不是最优方程。只有后退法建立的方程中因子最多且均达到显著水平，方程为：$\hat{y}=78.239+18.587N+13.855P-0.986N^2$。此方程的标准化回归系数表明，N 和 P 均对小麦产量有直接的促进作用，N 的作用强于P 的作用，氮 N2 的标准化系数为-0.777，表明氮过量对产量有副作用。

### 二、通过 Excel 规划求解计算方程极值

通过上述软件得到方程为 $\hat{y}=78.239+18.587N+13.855P-0.986N^2$，$0\leqslant N\leqslant10$，$0\leqslant P\leqslant6$，方程为二元二次，有极大值。下面介绍通过 Excel 规划求解计算方程极值。

1. 先加载 Excel 规划求解工具，新建 Excel 文档，预留单元格 A1、A2为未知数 N、P。

2. 在 A3 单元格键盘输入方程，回车后单元格内显示 78.239。如图 10-32所示。即 A3 = 78.239+18.587 * A1+13.855 * A2-0.986 * A1^2。

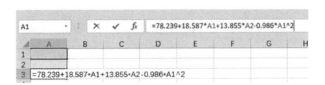

**图 10-32 在 Excel 中输入方程**

3. 单击【数据】—【规划求解】。点选目标单元格 A3 值为最大值，可变单元格为 A1 和 A2，再添加各约束条件 $0\leqslant A1\leqslant10$，$0\leqslant A2\leqslant6$。如图 10-33 所示。单击【确定】，得到变量 A1 = 9.425，A2 = 6，最大值 y = 248.96。即施氮量和施磷量分别为 9.425kg/小区和 6kg/小区时，小麦的最大产量为248.96kg/小区。

图 10-33 Excel 规划求解计算方程极大值

# 习 题

研究 10 年生"富士"苹果种植密度与产量（y，kg/666.7m²）的关系，以 4m 行距为基础，得不同株距（x，m）下的产量结果，数据如表 1 所示，试做回归分析。并计算最佳株距与最高期望产量。

表 1 "富士"苹果种植密度与产量数据

| x | 1.25 | 1.50 | 1.75 | 2.00 | 2.25 | 2.50 | 2.75 |
|---|------|------|------|------|------|------|------|
| y | 1176 | 1194 | 1372 | 1464 | 1166 | 892 | 586 |

# 第十一章　聚类分析

聚类分析是根据事物本身的特性研究个体分类的方法。聚类分析的原则是同一类中的个体有较大的相似性，不同类中的个体差异很大。

根据分类对象的不同可分为样品聚类和变量聚类。

样品聚类在统计学中又称为 Q 型聚类。用 SPSS 的术语是指对事件（Cases）进行聚类，或是对观测量进行聚类。是根据被观测的对象的各种特征，即反映被观测对象的特征的各变量值进行分类。

变量聚类在统计学又称为 R 型聚类。反映同一事物特点的变量有很多，我们往往根据所研究的问题选择部分变量对事物的某一方面进行研究。因此往往先要进行变量聚类，找出彼此独立且有代表性的自变量，而又不丢失大部分信息。

聚类分析目前常用的有快速聚类和系统聚类两种方法。快速聚类过程：调用此过程可完成由用户指定类别数的大样本资料的逐步聚类分析。所谓逐步聚类分析就是先把被聚对象进行初始分类，然后逐步调整，得到最终分类。系统聚类过程：在系统聚类分析中用户事先无法确定类别数，系统将所有例数均调入内存，且可执行不同的聚类算法。

# 第一节　K法快速聚类分析

【例题 11-1】 对冬小麦品种 "XD22" 的某一候选基因的编辑植株（CR）和过表达植株（OE）的 30 个基因做表达量分析，结果如表 11-1 所示，试进行聚类分析。

**表 11-1　冬小麦品种 "XD22" 不同株系 30 个基因表达量**

| Gene ID | CR1 | CR2 | CR3 | OE1 | OE2 | OE3 |
|---------|------|------|------|------|------|------|
| G1 | 5.7 | 11.7 | 9.9 | 5.7 | 4.5 | 3.2 |
| G2 | 9.4 | 10.7 | 9.4 | 3.4 | 2.5 | 2.3 |
| G3 | 10.6 | 9.5 | 8.5 | 4.2 | 5.8 | 2.5 |
| G4 | 10.4 | 10.2 | 10.9 | 5.1 | 2.8 | 2.4 |
| G5 | 5.8 | 10.8 | 8.5 | 3.9 | 4.2 | 2.8 |
| G6 | 9.8 | 10.4 | 10.3 | 2.5 | 3.4 | 3.5 |
| G7 | 8.9 | 11.0 | 9.4 | 5.8 | 2.4 | 5.8 |
| G8 | 10.6 | 10.7 | 8.5 | 6.5 | 5.7 | 5.6 |
| G9 | 2.5 | 5.2 | 3.5 | 9.2 | 9.8 | 11.2 |
| G10 | 3.5 | 4.2 | 2.5 | 9.2 | 11.9 | 5.8 |
| G11 | 4.5 | 3.2 | 2.7 | 9.9 | 10.6 | 8.9 |
| G12 | 3.5 | 2.2 | 1.9 | 10.9 | 9.8 | 9.7 |
| G13 | 3.5 | 4.2 | 3.5 | 11.3 | 9.7 | 10.5 |
| G14 | 5.1 | 1.2 | 5.8 | 11.2 | 9.7 | 8.8 |
| G15 | 6.6 | 13.2 | 11.2 | 6.6 | 5.3 | 3.9 |
| G16 | 10.7 | 12.1 | 10.7 | 4.1 | 3.1 | 2.9 |
| G17 | 12.0 | 10.8 | 9.7 | 5.0 | 6.7 | 3.1 |

续表

| Gene ID | CR1 | CR2 | CR3 | OE1 | OE2 | OE3 |
|---------|-----|-----|-----|-----|-----|-----|
| G18 | 11.8 | 11.6 | 12.3 | 6.0 | 3.4 | 3.0 |
| G19 | 6.7 | 12.2 | 9.7 | 4.6 | 5.0 | 3.4 |
| G20 | 11.2 | 11.8 | 11.7 | 3.1 | 4.1 | 4.2 |
| G21 | 10.1 | 12.5 | 10.7 | 6.7 | 3.0 | 6.7 |
| G22 | 12.0 | 12.1 | 9.7 | 7.5 | 6.6 | 6.5 |
| G23 | 3.1 | 6.1 | 4.2 | 10.5 | 11.1 | 12.7 |
| G24 | 4.2 | 5.0 | 3.1 | 10.5 | 13.4 | 6.7 |
| G25 | 5.3 | 3.9 | 3.3 | 11.2 | 12.0 | 10.1 |
| G26 | 4.2 | 2.8 | 2.4 | 12.3 | 11.1 | 11.0 |
| G27 | 4.2 | 5.0 | 4.2 | 12.8 | 11.0 | 11.9 |
| G28 | 6.0 | 1.7 | 6.7 | 12.7 | 11.0 | 10.0 |
| G29 | 5.7 | 4.5 | 3.2 | 6.6 | 13.2 | 11.2 |
| G30 | 3.4 | 2.5 | 2.3 | 10.7 | 12.1 | 10.7 |

## 一、SPSS 法

1. 启动 SPSS 软件，建立数据文件，如图 11-1 所示。

2. 单击【分析】、【分类】、【K 均值聚类】得到 K 均值聚类分析对话框，在变量栏中输入 CR1、CR2、CR3、OE1、OE2、OE3，个案标记依据一栏中输入 geneID，聚类数选择 2，其余保持系统默认，如图 11-2 所示。

3. 单击【保存】，勾选【聚类成员】和【与聚类中心的距离】，如图 11-3 所示。单击【选项】，勾选统计量中的【初始聚类中心】和【每个个案的聚类信息】，如图 11-4 所示，单击【继续】。单击【确定】，输出结果，如图 11-5 和图 11-6 所示。

| | geneID | CR1 | CR2 | CR3 | OE1 | OE2 | OE3 |
|---|---|---|---|---|---|---|---|
| 1 | G1 | 5.70 | 11.70 | 9.90 | 5.70 | 4.50 | 3.20 |
| 2 | G2 | 9.40 | 10.70 | 9.40 | 3.40 | 2.50 | 2.30 |
| 3 | G3 | 10.60 | 9.50 | 8.50 | 4.20 | 5.80 | 2.50 |
| 4 | G4 | 10.40 | 10.20 | 10.90 | 5.10 | 2.80 | 2.40 |
| 5 | G5 | 5.80 | 10.80 | 8.50 | 3.90 | 4.20 | 2.80 |
| 6 | G6 | 9.80 | 10.40 | 10.30 | 2.50 | 3.40 | 3.50 |
| 7 | G7 | 8.90 | 11.00 | 9.40 | 5.80 | 2.40 | 5.80 |
| 8 | G8 | 10.60 | 10.70 | 8.50 | 6.50 | 5.70 | 5.60 |
| 9 | G9 | 2.50 | 5.20 | 3.50 | 9.20 | 9.80 | 11.20 |
| 10 | G10 | 3.50 | 4.20 | 2.50 | 9.20 | 11.90 | 5.80 |
| 11 | G11 | 4.50 | 3.20 | 2.70 | 9.90 | 10.60 | 8.90 |
| 12 | G12 | 3.50 | 2.20 | 1.90 | 10.90 | 9.80 | 9.70 |
| 13 | G13 | 3.50 | 4.20 | 3.50 | 11.30 | 9.70 | 10.50 |
| 14 | G14 | 5.10 | 1.20 | 5.80 | 11.20 | 9.70 | 8.80 |
| 15 | G15 | 6.60 | 13.20 | 11.20 | 6.60 | 5.30 | 3.90 |
| 16 | G16 | 10.70 | 12.10 | 10.70 | 4.10 | 3.10 | 2.90 |
| 17 | G17 | 12.00 | 10.80 | 9.70 | 5.00 | 6.70 | 3.10 |
| 18 | G18 | 11.80 | 11.60 | 12.30 | 6.00 | 3.40 | 3.00 |
| 19 | G19 | 6.70 | 12.20 | 9.70 | 4.60 | 5.00 | 3.40 |
| 20 | G20 | 11.20 | 11.80 | 11.70 | 3.10 | 4.10 | 4.20 |
| 21 | G21 | 10.10 | 12.50 | 10.70 | 6.70 | 3.00 | 6.70 |
| 22 | G22 | 12.00 | 12.10 | 9.70 | 7.50 | 6.60 | 6.50 |
| 23 | G23 | 3.10 | 6.10 | 4.20 | 10.50 | 11.10 | 12.70 |
| 24 | G24 | 4.20 | 5.00 | 3.10 | 10.50 | 13.40 | 6.70 |
| 25 | G25 | 5.30 | 3.90 | 3.30 | 11.20 | 12.00 | 10.10 |
| 26 | G26 | 4.20 | 2.80 | 2.40 | 12.30 | 11.10 | 11.00 |
| 27 | G27 | 4.20 | 5.00 | 4.20 | 12.80 | 11.00 | 11.90 |
| 28 | G28 | 6.00 | 1.70 | 6.70 | 12.70 | 11.00 | 10.00 |
| 29 | G29 | 5.70 | 4.50 | 3.20 | 6.60 | 13.20 | 11.20 |
| 30 | G30 | 3.40 | 2.50 | 2.30 | 10.70 | 12.10 | 10.70 |

**图 11-1 聚类分析数据文件**

**图 11-2 K 均值聚类分析对话框**

图 11-3　K 聚类群集对话框

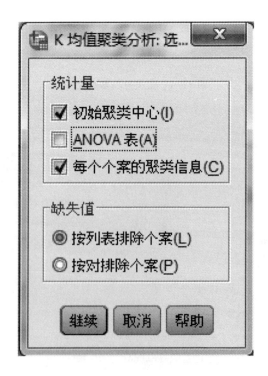

图 11-4　K 聚类分析选项对话框

➡ 快速聚类

[数据集0]

初始聚类中心

| | 聚类 | |
| --- | --- | --- |
| | 1 | 2 |
| CR1 | 3.40 | 11.80 |
| CR2 | 2.50 | 11.60 |
| CR3 | 2.30 | 12.30 |
| OE1 | 10.70 | 6.00 |
| OE2 | 12.10 | 3.40 |
| OE3 | 10.70 | 3.00 |

最终聚类中心

| | 聚类 | |
| --- | --- | --- |
| | 1 | 2 |
| CR1 | 4.19 | 9.52 |
| CR2 | 3.69 | 11.33 |
| CR3 | 3.52 | 10.07 |
| OE1 | 10.64 | 5.04 |
| OE2 | 11.17 | 4.28 |
| OE3 | 9.94 | 3.86 |

迭代历史记录[a]

| 迭代 | 聚类中心内的更改 | |
| --- | --- | --- |
| | 1 | 2 |
| 1 | 2.232 | 3.562 |
| 2 | .000 | .000 |

每个聚类中的案例数

| 聚类 | 1 | 14.000 |
| --- | --- | --- |
| | 2 | 16.000 |
| 有效 | | 30.000 |
| 缺失 | | .000 |

**图 11-5 K 聚类分析结果**

| | geneID | CR1 | CR2 | CR3 | OE1 | OE2 | OE3 | QCL_1 | QCL_2 |
| --- | --- | --- | --- | --- | --- | --- | --- | --- | --- |
| 1 | G1 | 5.70 | 11.70 | 9.90 | 5.70 | 4.50 | 3.20 | 2 | 3.95787 |
| 2 | G2 | 9.40 | 10.70 | 9.40 | 3.40 | 2.50 | 2.30 | 2 | 3.02919 |
| 3 | G3 | 10.60 | 9.50 | 8.50 | 4.20 | 5.80 | 2.50 | 2 | 3.44361 |
| 4 | G4 | 10.40 | 10.20 | 10.90 | 5.10 | 2.80 | 2.40 | 2 | 2.66148 |
| 5 | G5 | 5.80 | 10.80 | 8.50 | 3.90 | 4.20 | 2.80 | 2 | 4.36073 |
| 6 | G6 | 9.80 | 10.40 | 10.30 | 2.30 | 3.40 | 3.50 | 2 | 2.89456 |
| 7 | G7 | 8.90 | 11.00 | 9.40 | 5.80 | 2.40 | 5.80 | 2 | 2.96728 |
| 8 | G8 | 10.60 | 10.70 | 8.50 | 6.50 | 5.70 | 5.60 | 2 | 3.34380 |
| 9 | G9 | 2.50 | 5.20 | 3.50 | 9.20 | 9.80 | 11.20 | 1 | 3.26814 |
| 10 | G10 | 3.50 | 4.20 | 2.50 | 9.20 | 11.90 | 5.80 | 1 | 4.64290 |
| 11 | G11 | 4.50 | 3.20 | 2.70 | 9.90 | 10.60 | 8.90 | 1 | 1.72566 |
| 12 | G12 | 3.50 | 2.20 | 1.90 | 10.90 | 9.80 | 9.70 | 1 | 2.70991 |
| 13 | G13 | 3.50 | 4.20 | 3.50 | 11.30 | 9.70 | 10.50 | 1 | 1.90920 |
| 14 | G14 | 5.10 | 1.20 | 5.80 | 11.20 | 9.70 | 8.80 | 1 | 4.00135 |
| 15 | G15 | 6.60 | 13.20 | 11.20 | 6.60 | 5.30 | 3.90 | 2 | 4.09295 |
| 16 | G16 | 10.70 | 12.10 | 10.70 | 4.10 | 3.10 | 2.90 | 2 | 2.36585 |
| 17 | G17 | 12.00 | 10.80 | 9.70 | 5.00 | 6.70 | 3.10 | 2 | 3.60673 |
| 18 | G18 | 11.80 | 11.60 | 12.30 | 3.40 | 3.00 | 3.00 | 2 | 3.56226 |
| 19 | G19 | 6.70 | 12.20 | 9.70 | 4.60 | 5.00 | 3.40 | 2 | 3.12466 |
| 20 | G20 | 12.10 | 11.80 | 11.70 | 3.10 | 4.10 | 4.20 | 2 | 3.10358 |
| 21 | G21 | 10.10 | 12.50 | 10.70 | 6.70 | 3.00 | 6.70 | 2 | 3.81294 |
| 22 | G22 | 12.00 | 12.10 | 9.70 | 7.50 | 6.60 | 6.50 | 2 | 5.02491 |
| 23 | G23 | 4.20 | 6.10 | 4.20 | 10.50 | 11.10 | 12.70 | 1 | 3.88284 |
| 24 | G24 | 4.20 | 5.00 | 3.10 | 10.50 | 13.40 | 6.70 | 1 | 4.17005 |
| 25 | G25 | 5.30 | 3.90 | 3.30 | 11.20 | 12.00 | 10.10 | 1 | 1.52949 |
| 26 | G26 | 4.20 | 2.80 | 2.40 | 12.30 | 11.10 | 11.00 | 1 | 2.43385 |
| 27 | G27 | 4.20 | 5.00 | 4.20 | 11.00 | 11.90 | 1 | | 3.26836 |
| 28 | G28 | 6.00 | 1.70 | 6.70 | 12.70 | 11.00 | 10.00 | 1 | 4.64812 |
| 29 | G29 | 5.70 | 4.50 | 3.20 | 6.60 | 13.20 | 11.20 | 1 | 5.00664 |
| 30 | G30 | 3.40 | 2.50 | 2.30 | 10.70 | 12.10 | 10.70 | 1 | 2.23208 |

**图 11-6 K 聚类分析结果-个案聚类信息（数据窗口和结果中同时显示）**

聚类成员

| 案例号 | geneID | 聚类 | 距离 |
|---|---|---|---|
| 1 | G1 | 2 | 3.958 |
| 2 | G2 | 2 | 3.029 |
| 3 | G3 | 2 | 3.444 |
| 4 | G4 | 2 | 2.661 |
| 5 | G5 | 2 | 4.361 |
| 6 | G6 | 2 | 2.895 |
| 7 | G7 | 2 | 2.967 |
| 8 | G8 | 2 | 3.344 |
| 9 | G9 | 1 | 3.268 |
| 10 | G10 | 1 | 4.643 |
| 11 | G11 | 1 | 1.726 |
| 12 | G12 | 1 | 2.710 |
| 13 | G13 | 1 | 1.909 |
| 14 | G14 | 1 | 4.001 |
| 15 | G15 | 2 | 4.093 |
| 16 | G16 | 2 | 2.366 |
| 17 | G17 | 2 | 3.607 |
| 18 | G18 | 2 | 3.562 |
| 19 | G19 | 2 | 3.125 |
| 20 | G20 | 2 | 3.104 |
| 21 | G21 | 2 | 3.813 |
| 22 | G22 | 2 | 5.025 |
| 23 | G23 | 1 | 3.883 |
| 24 | G24 | 1 | 4.170 |
| 25 | G25 | 1 | 1.529 |
| 26 | G26 | 1 | 2.434 |
| 27 | G27 | 1 | 3.268 |
| 28 | G28 | 1 | 4.648 |
| 29 | G29 | 1 | 5.007 |
| 30 | G30 | 1 | 2.232 |

**图 11-6　K 聚类分析结果-个案聚类信息（数据窗口和结果中同时显示）（续）**

由图 11-6 可知，30 个基因被分成两类，第一类有 14 个，第二类有 16 个，在数据窗口和结果中均输出了每个基因的分类和聚类中心距离。

## 二、Origin 法

1. 启动 Origin 软件，建立数据文件，如图 11-7 所示。

| | A(X) | B(Y) | C(Y) | D(Y) | E(Y) | F(Y) | G(Y) |
|---|---|---|---|---|---|---|---|
| 长名称 | gene ID | CR1 | CR2 | CR3 | OE1 | OE2 | OE3 |
| 单位 | | | | | | | |
| 注释 | | | | | | | |
| F(x)= | | | | | | | |
| 1 | G1 | 5.7 | 11.7 | 9.9 | 5.7 | 4.5 | 3.2 |
| 2 | G2 | 9.4 | 10.7 | 9.4 | 3.4 | 2.5 | 2.3 |
| 3 | G3 | 10.6 | 9.5 | 8.5 | 4.2 | 5.8 | 2.5 |
| 4 | G4 | 10.4 | 10.2 | 10.9 | 5.1 | 2.8 | 2.4 |
| 5 | G5 | 5.8 | 10.8 | 8.5 | 3.9 | 4.2 | 2.8 |
| 6 | G6 | 9.8 | 10.4 | 10.3 | 2.5 | 3.4 | 3.5 |
| 7 | G7 | 8.9 | 11 | 9.4 | 5.8 | 2.4 | 5.8 |
| 8 | G8 | 10.6 | 10.7 | 8.5 | 6.5 | 5.7 | 5.6 |
| 9 | G9 | 2.5 | 5.2 | 3.5 | 9.2 | 9.8 | 11.2 |
| 10 | G10 | 3.5 | 4.2 | 2.5 | 9.2 | 11.9 | 5.8 |
| 11 | G11 | 4.5 | 3.2 | 2.7 | 9.9 | 10.6 | 8.9 |
| 12 | G12 | 3.5 | 2.2 | 1.9 | 10.9 | 9.8 | 9.7 |
| 13 | G13 | 3.5 | 4.2 | 3.5 | 11.3 | 9.7 | 10.5 |
| 14 | G14 | 5.1 | 1.2 | 5.8 | 11.2 | 9.7 | 8.8 |
| 15 | G15 | 6.6 | 13.2 | 11.2 | 6.6 | 5.3 | 3.9 |
| 16 | G16 | 10.7 | 12.1 | 10.7 | 4.1 | 3.1 | 2.9 |
| 17 | G17 | 12 | 10.8 | 9.7 | 5.5 | 6.7 | 3.1 |
| 18 | G18 | 11.8 | 11.6 | 12.3 | 6 | 3.4 | 3 |
| 19 | G19 | 6.7 | 12.2 | 9.7 | 4.6 | 5 | 3.4 |
| 20 | G20 | 11.2 | 11.8 | 11.7 | 3.1 | 4.1 | 4.2 |
| 21 | G21 | 10.1 | 12.5 | 10.7 | 6.7 | 3 | 6.7 |
| 22 | G22 | 12 | 12.1 | 9.7 | 7.5 | 6.6 | 6.5 |
| 23 | G23 | 3.1 | 6.1 | 4.2 | 10.5 | 11.1 | 12.7 |
| 24 | G24 | 4.2 | 5 | 3.1 | 10.5 | 13.4 | 6.7 |
| 25 | G25 | 5.3 | 3.9 | 3.3 | 11.2 | 12 | 10.1 |
| 26 | G26 | 4.2 | 2.8 | 2.4 | 12.3 | 11.1 | 11 |
| 27 | G27 | 4.2 | 5 | 4.2 | 12.8 | 11 | 11.9 |
| 28 | G28 | 6 | 1.7 | 6.7 | 12.7 | 11 | 10 |
| 29 | G29 | 5.7 | 4.5 | 3.2 | 6.6 | 13.2 | 11.2 |
| 30 | G30 | 3.4 | 2.5 | 2.3 | 10.7 | 12.1 | 10.7 |

**图 11-7 聚类分析数据文件**

2. 单击【统计】、【多变量分析】、【K 均值聚类分析】，得到 K 均值聚类分析对话框，在变量和观测值标签中分别选择对应数据，如图 11-8 所示。单击【选项】，在聚类个数中输入 2（也可根据数据需要输入其他值），如图 11-9 所示。其余保持默认。单击【确定】，输出结果如图 11-10 和图 11-11 所示。

**图 11-8 K-均值聚类分析对话框**

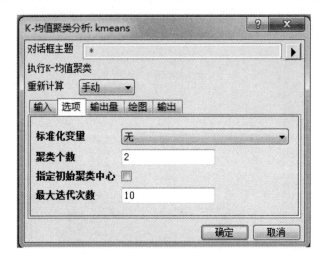

**图 11-9 K 均值聚类分析—选项对话框**

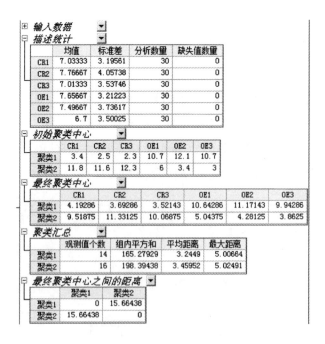

**图 11-10 K 均值聚类分析结果**

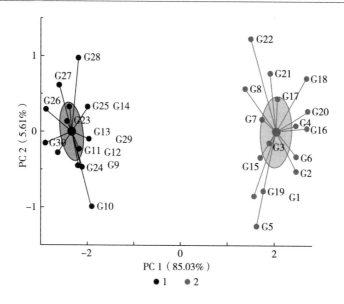

**图 11-11　K 均值聚类分析图形**

由图 11-11 可知，Origin 聚类分析结果和 SPSS 输出结果一致，均为 30 个基因被分成两类，第一类有 14 个，第二类有 16 个。Origin 软件输出的聚类分析也形象地展示了两个类别区分明显。

## 第二节　系统聚类分析

题目数据仍以【例题 11-1】为例。对冬小麦品种 "XD22" 的某一候选基因的编辑植株（CR）和过表达植株（OE）的 30 个基因做表达量分析，结果如表 11-2 所示，进行聚类分析。

**表 11-2　冬小麦品种 "XD22" 不同株系 30 个基因表达量**

| gene ID | CR1 | CR2 | CR3 | OE1 | OE2 | OE3 |
|---------|-----|-----|-----|-----|-----|-----|
| G1 | 5.7 | 11.7 | 9.9 | 5.7 | 4.5 | 3.2 |

续表

| gene ID | CR1 | CR2 | CR3 | OE1 | OE2 | OE3 |
|---------|------|------|------|------|------|------|
| G2 | 9.4 | 10.7 | 9.4 | 3.4 | 2.5 | 2.3 |
| G3 | 10.6 | 9.5 | 8.5 | 4.2 | 5.8 | 2.5 |
| G4 | 10.4 | 10.2 | 10.9 | 5.1 | 2.8 | 2.4 |
| G5 | 5.8 | 10.8 | 8.5 | 3.9 | 4.2 | 2.8 |
| G6 | 9.8 | 10.4 | 10.3 | 2.5 | 3.4 | 3.5 |
| G7 | 8.9 | 11.0 | 9.4 | 5.8 | 2.4 | 5.8 |
| G8 | 10.6 | 10.7 | 8.5 | 6.5 | 5.7 | 5.6 |
| G9 | 2.5 | 5.2 | 3.5 | 9.2 | 9.8 | 11.2 |
| G10 | 3.5 | 4.2 | 2.5 | 9.2 | 11.9 | 5.8 |
| G11 | 4.5 | 3.2 | 2.7 | 9.9 | 10.6 | 8.9 |
| G12 | 3.5 | 2.2 | 1.9 | 10.9 | 9.8 | 9.7 |
| G13 | 3.5 | 4.2 | 3.5 | 11.3 | 9.7 | 10.5 |
| G14 | 5.1 | 1.2 | 5.8 | 11.2 | 9.7 | 8.8 |
| G15 | 6.6 | 13.2 | 11.2 | 6.6 | 5.3 | 3.9 |
| G16 | 10.7 | 12.1 | 10.7 | 4.1 | 3.1 | 2.9 |
| G17 | 12.0 | 10.8 | 9.7 | 5.0 | 6.7 | 3.1 |
| G18 | 11.8 | 11.6 | 12.3 | 6.0 | 3.4 | 3.0 |
| G19 | 6.7 | 12.2 | 9.7 | 4.6 | 5.0 | 3.4 |
| G20 | 11.2 | 11.8 | 11.7 | 3.1 | 4.1 | 4.2 |
| G21 | 10.1 | 12.5 | 10.7 | 6.7 | 3.0 | 6.7 |
| G22 | 12.0 | 12.1 | 9.7 | 7.5 | 6.6 | 6.5 |
| G23 | 3.1 | 6.1 | 4.2 | 10.5 | 11.1 | 12.7 |
| G24 | 4.2 | 5.0 | 3.1 | 10.5 | 13.4 | 6.7 |
| G25 | 5.3 | 3.9 | 3.3 | 11.2 | 12.0 | 10.1 |
| G26 | 4.2 | 2.8 | 2.4 | 12.3 | 11.1 | 11.0 |
| G27 | 4.2 | 5.0 | 4.2 | 12.8 | 11.0 | 11.9 |
| G28 | 6.0 | 1.7 | 6.7 | 12.7 | 11.0 | 10.0 |

续表

| gene ID | CR1 | CR2 | CR3 | OE1 | OE2 | OE3 |
|---------|-----|-----|-----|-----|-----|-----|
| G29 | 5.7 | 4.5 | 3.2 | 6.6 | 13.2 | 11.2 |
| G30 | 3.4 | 2.5 | 2.3 | 10.7 | 12.1 | 10.7 |

### 一、SPSS 法

1. 启动 SPSS 软件，建立数据文件（见图 11-1）。

2. 单击【分析】、【分类】、【系统聚类】得到系统聚类分析对话框，在变量栏中输入 CR1、CR2、CR3、OE1、OE2、OE3，聚类选择"个案"，输出勾选【统计】和【图】，其余保持系统默认，如图 11-12 所示。

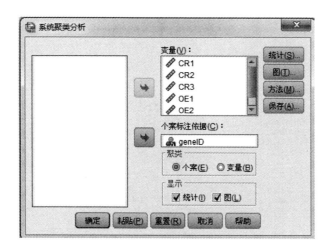

**图 11-12　系统聚类分析对话框**

3. 单击【图】，勾选【谱系图】，方向有垂直和水平供选择，本例题选择水平，如图 11-13 所示。单击【继续】。其余保持系统默认，单击【确定】，输出结果如图 11-14 所示。

由图 11-14 可以看出，30 个基因被分成两类，第一类有 16 个，第二类有 14 个。同时可清楚地看到两个类群内各基因的谱系关系。

## 二、Origin 法

1. 启动 Origin 软件,建立数据文件(见图 11-7)。

2. 单击【统计】、【多变量分析】、【系统聚类】分析,得到系统聚类分析—聚类图对话框(见图 11-13),在变量和观测值标记中分别选择对应数据,如图 11-15 所示。单击【设置】,选择观测值变量,在聚类个数中输入 2(也可根据数据需要输入其他值),聚类方法和距离类型有多种可根据需要选择,其余保持默认,如图 11-16 所示。

**图 11-13　系统聚类分析—聚类图对话框**

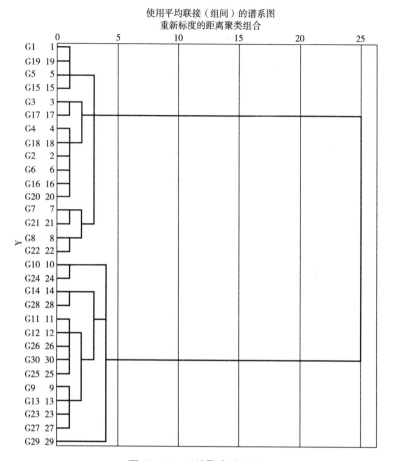

图 11-14　系统聚类分析图

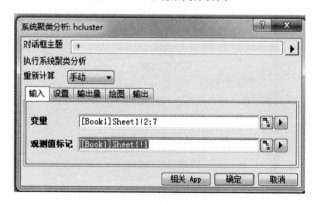

图 11-15　系统聚类分析—输入对话框

图 11-16　系统聚类分析—设置对话框

3. 单击【绘图】，可选择谱系图类型和方向，如图 11-17 所示。单击【确定】，输出结果。

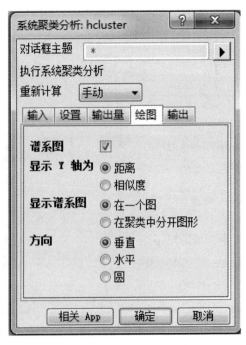

图 11-17　系统聚类分析—绘图对话框

4. 输出聚类分析图，如图 11-18 和图 11-19 所示，可通过选择聚类分析图的方向分别得到垂直、水平和圆形图。

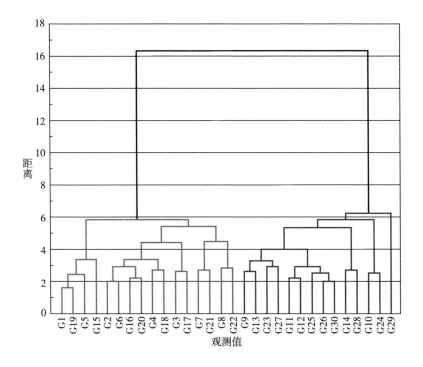

图 11-18 系统聚类分析结果

图 11-19 系统聚类分析图

**图 11-19　系统聚类分析图（续）**

# 第三节　聚类分析热图

1. 启动 Origin 软件，建立数据文件（见图 11-7）。

2. 打开聚类分析热图 Apps：HeatMapDendrogram，如图 11-20 所示。通过收缩框选择数据范围（注意：在该数据界面中不能出现空列，否则会一直提示有缺失值以及出现聚类错误），列标签位于长名称，行标签位于第一列。标准化可根据具体数据情况选择行或列均可，由于本例题数据均为统一算法下的基因表达量，故未选择标准化转换。聚类可分别选择行与列，以及分别对行和列选择聚类方法、距离类型以及聚类数目；也可对行、列同时进行聚类以及相关设置，本例题选择行与列同时聚类，聚类数目输入2，其余选项保持默认。单击【确定】，输出结果如图11-21所示。

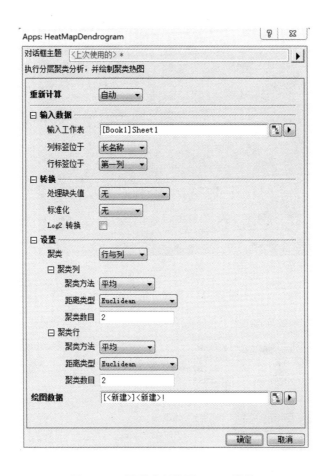

**图11-20　聚类分析热图 Apps 对话框**

3. 双击图表区、图例区可通过各选项修改热图的颜色、大小、字体、图例刻度等，如图11-22至图11-25所示，调整后的热图如图11-26所示，其过程不再详述。

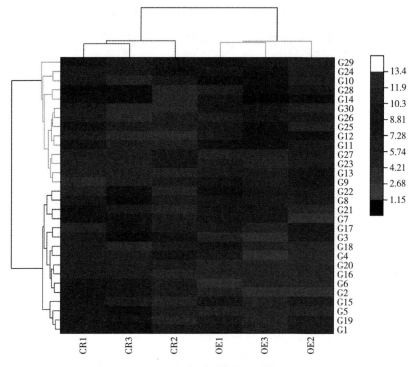

**图 11-21 聚类分析热图结果**

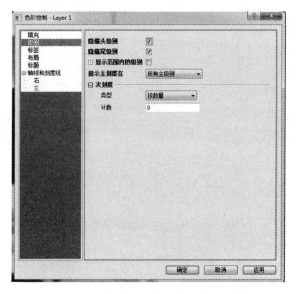

**图 11-22 聚类分析热图色阶级别调整**

图 11-23　聚类分析热图色阶标签调整

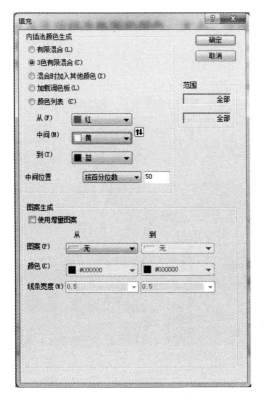

图 11-24　聚类分析热图颜色填充调整

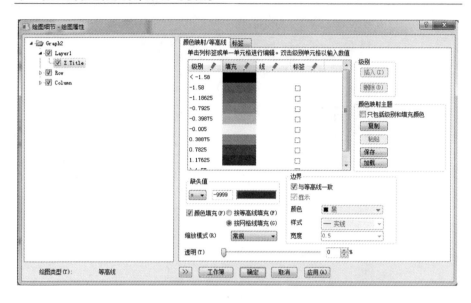

图 11-25　聚类分析热图绘图属性调整

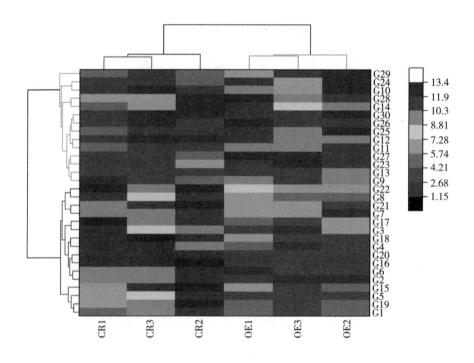

图 11-26　调整后的聚类分析热图

# 习 题

调查两个土样采集点的土壤微生物群落，得到样品中微生物种类及优势度，数据如表 1 所示。进行各样品微生物群落的聚类分析。

**表 1 两个土壤样品中微生物种类及优势度**

| Group | R | | | S | | |
|---|---|---|---|---|---|---|
| Sample | R1 | R2 | R3 | S1 | S2 | S3 |
| W1 | 7.011 | 14.391 | 12.177 | 7.011 | 5.535 | 3.936 |
| W2 | 11.599 | 13.124 | 11.550 | 4.182 | 3.075 | 2.829 |
| W3 | 13.026 | 12.165 | 10.455 | 5.166 | 7.073 | 3.075 |
| W4 | 12.767 | 12.546 | 10.455 | 6.273 | 3.444 | 2.952 |
| W5 | 7.073 | 13.346 | 13.407 | 4.797 | 5.166 | 3.444 |
| W6 | 12.079 | 12.854 | 10.455 | 3.075 | 4.182 | 4.305 |
| W7 | 10.947 | 13.555 | 12.706 | 7.073 | 2.952 | 7.073 |
| W8 | 13.026 | 13.124 | 12.226 | 8.057 | 7.073 | 6.827 |
| W9 | 3.075 | 6.396 | 4.305 | 11.328 | 12.005 | 14.108 |
| W10 | 4.305 | 5.166 | 3.075 | 11.328 | 14.489 | 7.073 |
| W11 | 5.535 | 3.936 | 3.321 | 12.165 | 13.186 | 10.836 |
| W12 | 4.305 | 2.706 | 2.337 | 13.346 | 12.005 | 11.968 |
| W13 | 4.305 | 5.166 | 4.305 | 13.936 | 12.005 | 12.903 |
| W14 | 6.273 | 1.476 | 7.073 | 13.801 | 12.005 | 10.836 |
| W15 | 10.659 | 21.879 | 18.513 | 10.659 | 8.415 | 5.984 |
| W16 | 17.634 | 19.953 | 17.559 | 6.358 | 4.675 | 4.301 |
| W17 | 19.803 | 18.494 | 15.895 | 7.854 | 10.753 | 4.675 |
| W18 | 19.411 | 19.074 | 15.895 | 9.537 | 5.236 | 4.488 |
| W19 | 10.753 | 20.290 | 20.383 | 7.293 | 7.854 | 5.236 |
| W20 | 18.363 | 19.542 | 15.895 | 4.675 | 6.358 | 6.545 |

续表

| Group | R | | | S | | |
|---|---|---|---|---|---|---|
| Sample | R1 | R2 | R3 | S1 | S2 | S3 |
| W21 | 16. 643 | 20. 607 | 19. 317 | 10. 753 | 4. 488 | 10. 753 |
| W22 | 19. 803 | 19. 953 | 18. 588 | 12. 249 | 10. 753 | 10. 379 |
| W23 | 4. 675 | 9. 724 | 6. 545 | 17. 223 | 18. 251 | 21. 449 |

# 第十二章　主成分分析

当数据有很多指标时，降低维数有助于在低维空间对它们进行观察和分析，来进一步了解它们之间的关系。主成分分析就是设法将原来众多具有一定相关性（比如 P 个指标），重新组合成一组新的互相无关的综合指标来代替原来的指标。通常数学上的处理就是将原来 P 个指标作线性组合，作为新的综合指标。最经典的做法就是用 F1（选取的第一个线性组合，即第一个综合指标）的方差来表达，即 Var（F1）越大，表示 F1 包含的信息越多。因此在所有的线性组合中选取的 F1 应该是方差最大的，故称 F1 为第一主成分。如果第一主成分不足以代表原来 P 个指标的信息，再考虑选取 F2 即选第二个线性组合，为了有效地反映原来信息，F1 已有的信息就不需要再出现在 F2 中，用数学语言表达就是要求 Cov（F1，F2）＝0，则称 F2 为第二主成分，依此类推可以构造出第三，第四，…，第 P 个主成分。

【例题 12-1】取 15 个冬小麦品种进行低磷和正常磷水平水培试验。处理 15d 后取样测定。材料取样测定指标有：株高、根数、根长、根干重、茎干重和植株磷积累量。为消除不同小麦基因型间固有的生物学和遗传学特性的差异，计算耐低磷指数衡量不同基因型间的耐低磷差异。耐低磷指数＝低磷胁迫下某一性状指标的测定值/正常磷水平下该性状的测定值。数据如表 12-1 所示。试进行主成分分析。

表 12-1　小麦不同基因型的耐低磷指数

| 品种 | 株高 | 根数 | 根长 | 根干重 | 茎干重 | 植株磷积累量 |
|---|---|---|---|---|---|---|
| 新冬 3 号 | 0.923 | 1.000 | 1.109 | 1.255 | 0.854 | 0.824 |
| 新冬 7 号 | 0.881 | 0.909 | 0.892 | 0.788 | 0.706 | 0.640 |
| 新冬 15 号 | 0.958 | 1.160 | 0.667 | 0.655 | 0.741 | 0.646 |
| 新冬 18 号 | 0.888 | 0.849 | 1.138 | 0.619 | 0.952 | 0.744 |
| 新冬 23 号 | 0.862 | 1.091 | 0.749 | 0.806 | 0.709 | 0.625 |
| 新冬 28 号 | 1.035 | 0.923 | 0.991 | 0.894 | 0.916 | 0.767 |
| 邯 5316 | 1.041 | 1.088 | 0.802 | 0.902 | 0.987 | 0.905 |
| 河农 9901 | 1.067 | 0.861 | 1.064 | 0.636 | 0.896 | 0.682 |
| 石审 6185 | 1.148 | 1.118 | 0.930 | 1.342 | 1.150 | 1.205 |
| 石家庄 8 号 | 1.063 | 0.968 | 1.370 | 1.063 | 1.167 | 1.006 |
| 偃展 4110 | 1.071 | 1.114 | 0.880 | 0.990 | 1.275 | 1.089 |
| 豫麦 34 号 | 1.055 | 1.027 | 1.140 | 1.661 | 1.293 | 1.357 |
| 石 4185 | 1.066 | 0.931 | 0.994 | 1.203 | 1.111 | 1.034 |
| 新乡 9408 | 1.260 | 0.758 | 1.134 | 0.763 | 0.810 | 0.696 |
| 郑 9023 | 0.858 | 0.857 | 0.710 | 1.236 | 0.800 | 0.677 |
| 平均值 | 1.012 | 0.977 | 0.971 | 0.987 | 0.958 | 0.860 |
| 变异系数（%） | 11.363 | 12.317 | 19.955 | 30.547 | 20.767 | 26.689 |

## 一、SPSS 法

1. 启动 SPSS 软件，建立数据文件，如图 12-1 所示。

| | 品种 | 株高 | 根数 | 根长 | 根干重 | 茎干重 | 植株磷积累量 |
|---|---|---|---|---|---|---|---|
| 1 | 新冬3号 | .923 | 1.000 | 1.109 | 1.255 | .854 | .824 |
| 2 | 新冬7号 | .881 | .909 | .892 | .788 | .706 | .640 |
| 3 | 新冬15号 | .958 | 1.160 | .667 | .655 | .741 | .646 |
| 4 | 新冬18号 | .888 | .849 | 1.138 | .619 | .952 | .744 |
| 5 | 新冬23号 | .862 | 1.091 | .749 | .806 | .709 | .625 |
| 6 | 新冬28号 | 1.035 | .923 | .991 | .894 | .916 | .767 |
| 7 | 邯5316 | 1.041 | 1.088 | .802 | .902 | .987 | .905 |
| 8 | 河农9901 | 1.067 | .861 | 1.064 | .636 | .896 | .682 |
| 9 | 石审6185 | 1.148 | 1.118 | .930 | 1.342 | 1.150 | 1.205 |
| 10 | 石家庄8号 | 1.063 | .968 | 1.370 | 1.063 | 1.167 | 1.006 |
| 11 | 偃展4110 | 1.071 | 1.114 | .880 | .990 | 1.275 | 1.089 |
| 12 | 豫麦34号 | 1.055 | 1.027 | 1.140 | 1.661 | 1.293 | 1.357 |
| 13 | 石4185 | 1.066 | .931 | .994 | 1.203 | 1.111 | 1.034 |
| 14 | 新乡9408 | 1.260 | .758 | 1.134 | .763 | .810 | .696 |
| 15 | 郑9023 | .858 | .857 | .710 | 1.236 | .800 | .677 |

图 12-1　主成分分析数据文件

2. 因为表格中数据为已经处理过的耐低磷指数，如果原始数据为单位不同且变异较大的数据，建议先进行标准化处理。单击【分析】、【降维】、【因子分析】，打开对话框。将所有的测定指标（株高、根数、根长、根干重、茎干重和植株磷积累量）填入变量（V）一栏中，把品种填入选择变量（C）一栏中，如图 12-2 所示。

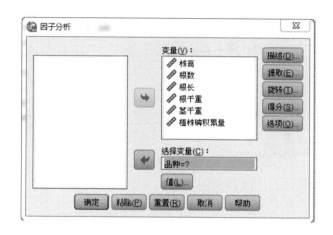

**图 12-2　因子分析对话框**

3. 单击【描述】，勾选统计一栏中的单变量描述和初始解，勾选相关性矩阵中的系数、显著性水平以及 KMO 和 Bartlett（巴特利特）球形度检验，如图 12-3 所示，单击【继续】。

需要说明的问题：KMO 检验和 Bartlett 球形检验都是用于检验数据是否适合进行因子分析的方法。KMO 检验是用来衡量数据中公共因子与原始变量之间的相关程度，取值范围为 0~1。一般来说，KMO 值越接近 1，说明因子分析的效果越好。当 KMO 值小于 0.5 时，就不适合进行因子分析。Bartlett 球形检验则是用于检验数据是否符合球形分布，即各变量之间是否相互独立。在因子分析中，如果变量之间存在多重共线性，那么球形假设就被破坏，Bartlett 球形检验的 p 值就会很小，从而拒绝原假设，即认为变量之间不独立，不适合进行因子分析。需要注意的是，KMO 检验和 Bartlett 球形检验只是因子分析的前置条件之一，还需要结合其他方法来对因子进行分析和解释。比如，可以使用主成分分析、斜交旋转等方法来提取公因子并对它们进行解释。此处对原理不做过多解释，仅介绍因子分析的操作过程。

**图 12-3　因子分析—描述对话框**

4. 单击【提取】，在方法中选择主成分，将特征值大于（A）后的数字1改为0，显示一栏中勾选碎石图，如图 12-4 所示，单击【继续】。

5. 单击【旋转】，方法中根据需要选择，本例题为系统默认，显示中勾选载荷图，如图 12-5 所示，单击【继续】。

6. 单击【得分】，勾选显示因子得分系数矩阵，如图 12-6 所示。单击【继续】。单击【确定】，输出结果如图 12-7 至图 12-9 所示。

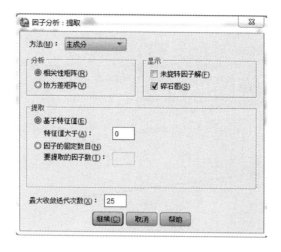

图 12-4　因子分析—提取对话框

图 12-5　因子分析—旋转对话框

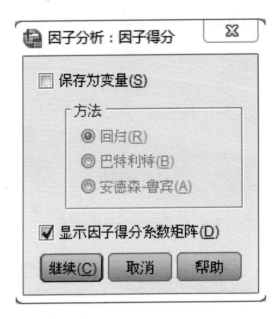

图 12-6　因子分析—因子得分对话框

## 因子分析

**描述统计**

|  | 平均值 | 标准偏差 | 分析个案数 |
|---|---|---|---|
| 株高 | 1.01173 | .114901 | 15 |
| 根数 | .97693 | .120245 | 15 |
| 根长 | .97133 | .193728 | 15 |
| 根干重 | .98753 | .301641 | 15 |
| 茎干重 | .95780 | .198823 | 15 |
| 植株磷积累量 | .85980 | .229438 | 15 |

图 12-7　资料的描述统计和相关系数矩阵

## 因子分析

### 相关性矩阵

| | | 株高 | 根数 | 根长 | 根干重 | 茎干重 | 植株磷积累量 |
|---|---|---|---|---|---|---|---|
| 相关性 | 株高 | 1.000 | -.093 | .405 | .140 | .482 | .457 |
| | 根数 | -.093 | 1.000 | -.439 | .225 | .268 | .381 |
| | 根长 | .405 | -.439 | 1.000 | .177 | .442 | .348 |
| | 根干重 | .140 | .225 | .177 | 1.000 | .598 | .780 |
| | 茎干重 | .482 | .268 | .442 | .598 | 1.000 | .934 |
| | 植株磷积累量 | .457 | .381 | .348 | .780 | .934 | 1.000 |
| 显著性（单尾） | 株高 | | .371 | .067 | .309 | .034 | .043 |
| | 根数 | .371 | | .051 | .210 | .167 | .081 |
| | 根长 | .067 | .051 | | .264 | .050 | .102 |
| | 根干重 | .309 | .210 | .264 | | .009 | .000 |
| | 茎干重 | .034 | .167 | .050 | .009 | | .000 |
| | 植株磷积累量 | .043 | .081 | .102 | .000 | .000 | |

**图 12-7　资料的描述统计和相关系数矩阵（续）**

## 总方差解释

| 成分 | 初始特征值 | | |
|---|---|---|---|
| | 总计 | 方差百分比 | 累积 % |
| 1 | 3.050 | 50.840 | 50.840 |
| 2 | 1.582 | 26.368 | 77.207 |
| 3 | .737 | 12.290 | 89.498 |
| 4 | .418 | 6.974 | 96.471 |
| 5 | .194 | 3.231 | 99.703 |
| 6 | .018 | .297 | 100.000 |

提取方法：主成分分析法。

**图 12-8　总方差解释度**

由图 12-8 可以看出，前三个主成分的累计方差贡献率为 89.498%，其中第一个主成分解释了总体方差的 50.840%，因此，选择前三个主成分即可以较好地解释总体方差（一般累计方差贡献率大于 85% 就够了）。

## 成分得分系数矩阵

| | 成分 | | | | | |
|---|---|---|---|---|---|---|
| | 1 | 2 | 3 | 4 | 5 | 6 |
| 株高 | .189 | -.273 | .851 | -.671 | .471 | .670 |
| 根数 | .084 | .544 | .398 | .613 | 1.062 | 1.011 |
| 根长 | .162 | -.470 | -.265 | .828 | 1.089 | .259 |
| 根干重 | .248 | .167 | -.631 | -.827 | .736 | 2.158 |
| 茎干重 | .308 | .017 | .059 | .438 | -1.406 | 3.692 |
| 植株磷积累量 | .320 | .111 | -.040 | .036 | -.321 | -6.021 |

提取方法：主成分分析法。

**图 12-9  成分得分系数矩阵**

## 二、Origin 法

1. 启动 Origin 软件，建立数据文件，如图 12-10 所示。

| 长名称 | A(X) | B(Y) | C(Y) | D(Y) | E(Y) | F(Y) | G(Y) |
|---|---|---|---|---|---|---|---|
| | 品种 | 株高 | 根数 | 根长 | 根干重 | 茎干重 | 植株磷积累 |
| 单位 | | | | | | | |
| 注释 | | | | | | | |
| F(x)= | | | | | | | |
| 1 | 新冬3号 | 0.923 | 1 | 1.109 | 1.255 | 0.854 | 0.824 |
| 2 | 新冬7号 | 0.881 | 0.909 | 0.892 | 0.788 | 0.706 | 0.64 |
| 3 | 新冬15号 | 0.958 | 1.16 | 0.667 | 0.655 | 0.741 | 0.646 |
| 4 | 新冬18号 | 0.888 | 0.849 | 1.138 | 0.619 | 0.952 | 0.744 |
| 5 | 新冬23号 | 0.862 | 1.091 | 0.749 | 0.806 | 0.709 | 0.625 |
| 6 | 新冬28号 | 1.035 | 0.923 | 0.991 | 0.894 | 0.916 | 0.767 |
| 7 | 邯5316 | 1.041 | 1.088 | 0.802 | 0.902 | 0.987 | 0.905 |
| 8 | 河农9901 | 1.067 | 0.861 | 1.064 | 0.636 | 0.896 | 0.682 |
| 9 | 石审6185 | 1.148 | 1.118 | 0.93 | 1.342 | 1.15 | 1.205 |
| 10 | 石家庄8号 | 1.063 | 0.968 | 1.37 | 1.063 | 1.167 | 1.006 |
| 11 | 偃展4110 | 1.071 | 1.114 | 0.88 | 0.99 | 1.275 | 1.089 |
| 12 | 豫麦34号 | 1.055 | 1.027 | 1.14 | 1.661 | 1.293 | 1.357 |
| 13 | 石4185 | 1.066 | 0.931 | 0.994 | 1.203 | 1.111 | 1.034 |
| 14 | 新乡9408 | 1.26 | 0.758 | 1.134 | 0.763 | 0.81 | 0.696 |
| 15 | 郑9023 | 0.858 | 0.857 | 0.71 | 1.236 | 0.8 | 0.677 |

**图 12-10  主成分分析数据文件**

2. 单击【统计】、【多变量分析】、【主成分分析】，打开对话框，输入中分别选择变量（株高、根数、根长、茎干重、根干重和植株磷积累量）和观测值标记（品种），如图 12-11 所示。

**图 12-11　主成分分析—数据输入对话框**

3. 单击【设置】，在分析中选择相关矩阵，提取成分个数 5，其余保持默认，如图 12-12 所示。

**图 12-12　主成分分析—设置对话框**

4. 单击【要计算的量】，选择【特征值】和【特征向量】，如图 12-13 所示。

**图 12-13　主成分分析—要计算的量对话框**

5. 单击【绘图】，选择【碎石图】，根据需要勾选组成成分图形、载荷图、分值图和双标图，如图 12-14 所示。

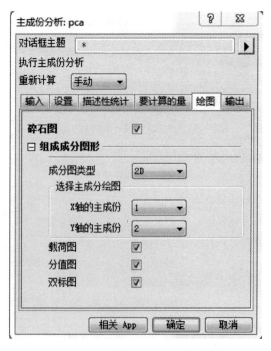

**图 12-14　主成分分析—绘图对话框**

6. 单击【确定】，输出结果如图 12-15 至图 12-19 所示。

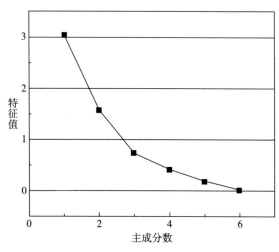

描述统计

| | 分析数量 | 缺失值数量 | 均值 | 标准差 |
|---|---|---|---|---|
| 株高 | 15 | 0 | 1.01173 | 0.1149 |
| 根数 | 15 | 0 | 0.97693 | 0.12024 |
| 根长 | 15 | 0 | 0.97133 | 0.19373 |
| 根干重 | 15 | 0 | 0.98753 | 0.30164 |
| 茎干重 | 15 | 0 | 0.9578 | 0.19882 |
| 植株磷积累量 | 15 | 0 | 0.8598 | 0.22944 |

相关矩阵

| | 株高 | 根数 | 根长 | 根干重 | 茎干重 | 植株磷积累量 |
|---|---|---|---|---|---|---|
| 株高 | 1 | -0.09315 | 0.40523 | 0.14035 | 0.48249 | 0.4572 |
| 根数 | -0.09315 | 1 | -0.43916 | 0.22536 | 0.26829 | 0.3809 |
| 根长 | 0.40523 | -0.43916 | 1 | 0.17735 | 0.44175 | 0.34799 |
| 根干重 | 0.14035 | 0.22536 | 0.17735 | 1 | 0.59841 | 0.77994 |
| 茎干重 | 0.48249 | 0.26829 | 0.44175 | 0.59841 | 1 | 0.93437 |
| 植株磷积累量 | 0.4572 | 0.3809 | 0.34799 | 0.77994 | 0.93437 | 1 |

相关矩阵的特征值

| | 特征值 | 方差百分比 | 累积 |
|---|---|---|---|
| 1 | 3.05039 | 50.84% | 50.84% |
| 2 | 1.58206 | 26.37% | 77.21% |
| 3 | 0.73741 | 12.29% | 89.50% |
| 4 | 0.41842 | 6.97% | 96.47% |
| 5 | 0.19389 | 3.23% | 99.70% |
| 6 | 0.01783 | 0.30% | 100.00% |

提取的特征向量

| | PC系数1 | PC系数2 | PC系数3 | PC系数4 | PC系数5 |
|---|---|---|---|---|---|
| 株高 | 0.33013 | -0.34366 | 0.73035 | -0.43414 | 0.20738 |
| 根数 | 0.14644 | 0.68385 | 0.34201 | 0.3965 | 0.46743 |
| 根长 | 0.28223 | -0.59175 | -0.22784 | 0.5359 | 0.47946 |
| 根干重 | 0.43291 | 0.2102 | -0.54219 | -0.53506 | 0.32423 |
| 茎干重 | 0.53868 | 0.02117 | 0.05034 | 0.28336 | -0.61927 |
| 植株磷积累量 | 0.55887 | 0.13943 | -0.03452 | 0.02327 | -0.14137 |

图 12-15　主成分分析结果

图 12-16　碎石图

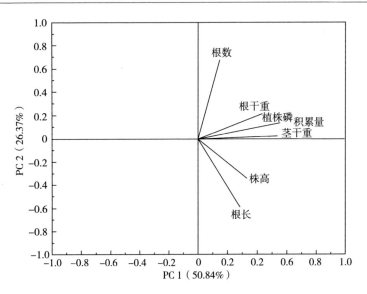

图 12-17　载荷图

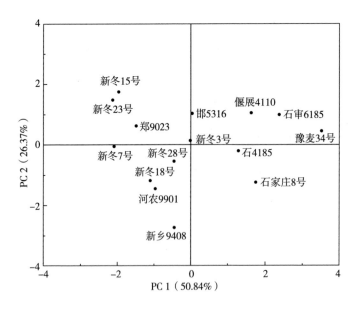

图 12-18　分值图

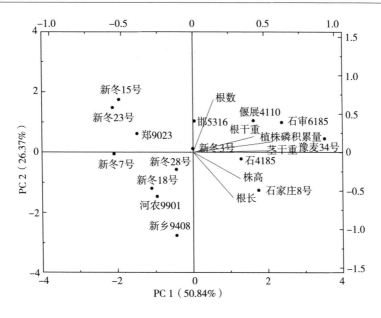

**图 12-19 双标图**

由图 12-15 可知，对 6 个筛选指标的耐低磷指数进行主成分分析，前三个综合指标的方差贡献率分别为 50.84%、26.37% 和 12.29%，累计贡献率为 89.50%，其余可忽略不计，这样就把原来 6 个单项指标转化为三个新的相互独立的综合指标，分别定义为第 1、第 2、第 3 主成分。

在第 1 主成分中植株磷积累量和茎干重的特征向量最大，其次是根干重，说明低磷条件下，小麦植株磷积累量的降低导致植株茎叶和根干重下降，此主成分可概括为植株整体适应性的变化。在第 2 主成分中根数的特征向量最大，为 0.684，根长的特征向量最小，为 -0.592，其次为株高（ -0.344），说明在低磷条件下小麦通过减少根长和株高来增加根数，以适应低磷环境。此主成分可大致概括为根的适应性变化。在第 3 主成分中株高的特征向量最大（0.730），其次为根数，根干重的特征向量最小，说明低磷条件下植株磷含量较高的品种株高增加更为明显。此主成分可概括为株高的适应性变化。

上述分析表明，小麦苗期在低磷条件下的适应性与植株干物质重量

（根干重+茎干重）特征最为密切。植株磷积累量、茎干重、根干重、根数可以作为小麦苗期耐低磷基因型快速筛选的指标。

关于分值图、载荷图和双标图的释义此处不再详述，读者可参考多元统计分析相关书籍。特征值的贡献率还可以从碎石图看出，前三个主成分的累计贡献率为89.50%，包含了绝大部分信息。

### 三、Origin PCA 插件方法

1. 在 Origin 软件中建立数据文件（见图 12-10）。

2. 从 Origin 软件官网下载 Principal Component Analysis 插件 Principal Compone...，并安装。打开该插件对话框，在 Input 中选择数据，如图 12-20 所示。

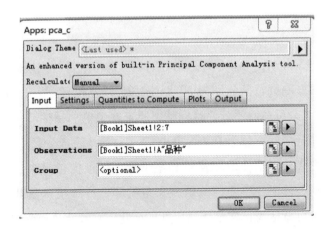

图 12-20　PCA 插件对话框—选择数据

3. 在【Settings】中选择输出相关系数矩阵，提取主成分 3 个，并输出标准得分，如图 12-21 所示。

4. 在【量化分析】中勾选基本数据分析（Basic Statistics）、载荷（Loadings）和得分（Scores），如图 12-22 所示。

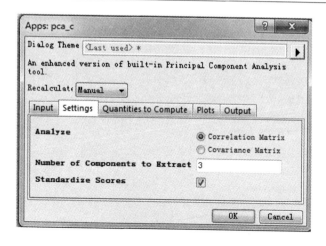

**图 12-21　PCA 插件对话框—选择数据**

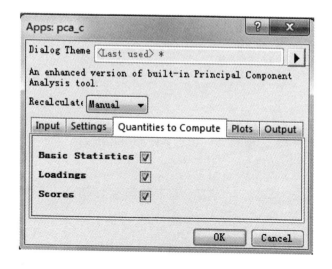

**图 12-22　PCA 插件对话框—数量分析**

5. 在图形中勾选输出载荷图（Loading Plot）、得分图（Score Plot）和双标图（Biplot），并显示置信区间，如图 12-23 所示。

6. 单击【OK】，输出结果。如图 12-24 和图 12-25 所示。结果释义不再详述，请参考前半部分。

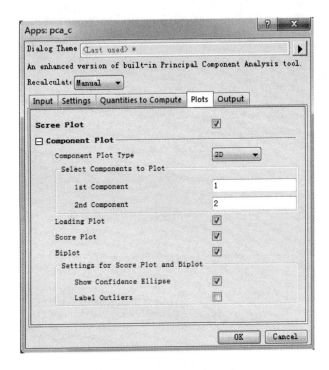

图 12-23　PCA 插件对话框—图形

| Principal Component Number | Eigenvalue | Percentage of Variance (%) | Cumulative (%) |
|---|---|---|---|
| 1 | 3.05039 | 50.83978 | 50.83978 |
| 2 | 1.58206 | 26.36764 | 77.20742 |
| 3 | 0.73741 | 12.29024 | 89.49766 |
| 4 | 0.41842 | 6.97368 | 96.47134 |
| 5 | 0.19389 | 3.23148 | 99.70282 |
| 6 | 0.01783 | 0.29718 | 100 |

Type: Correlation

图 12-24　总方差解释度

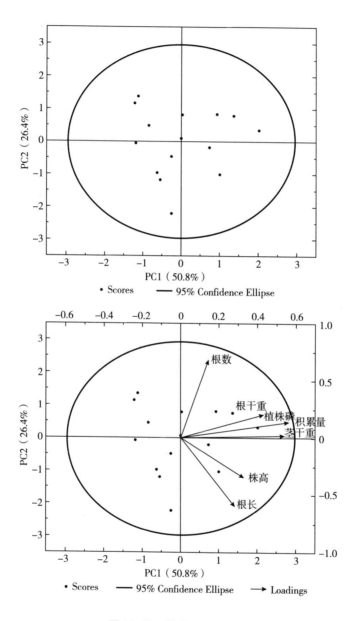

**图 12-25 得分图和双标图**

# 习 题

测得 15 个小麦品种苗期的耐低氮指数，数据如表 1 所示。进行主成分分析及各指标间的相关分析。

**表 1    不同小麦品种的苗期耐低氮指数**

| 品种 | 根数 | 根长 | 根干重 | 茎干重 | 根冠比 | 植株氮积累量 | 植株含氮量 |
|------|------|------|--------|--------|--------|--------------|------------|
| 新冬 3 号 | 1.171 | 0.810 | 0.750 | 0.859 | 0.873 | 0.380 | 0.463 |
| 新冬 7 号 | 1.054 | 0.932 | 1.008 | 0.804 | 1.253 | 0.372 | 0.432 |
| 新冬 15 号 | 1.200 | 0.957 | 1.148 | 1.197 | 0.960 | 0.500 | 0.424 |
| 新冬 18 号 | 0.939 | 1.178 | 1.312 | 1.099 | 1.194 | 0.569 | 0.491 |
| 新冬 23 号 | 0.958 | 1.407 | 0.816 | 0.716 | 1.140 | 0.289 | 0.383 |
| 新冬 28 号 | 1.034 | 1.014 | 0.838 | 1.002 | 0.836 | 0.386 | 0.410 |
| 邯 5316 | 0.972 | 1.396 | 0.824 | 1.036 | 0.795 | 0.437 | 0.457 |
| 河农 9901 | 1.542 | 0.917 | 0.889 | 0.782 | 1.137 | 0.317 | 0.385 |
| 石审 6185 | 1.088 | 1.334 | 0.842 | 0.806 | 1.044 | 0.269 | 0.329 |
| 石家庄 8 号 | 0.971 | 1.089 | 0.906 | 1.228 | 0.738 | 0.483 | 0.439 |
| 偃展 4110 | 1.139 | 1.212 | 0.857 | 1.196 | 0.717 | 0.454 | 0.427 |
| 豫麦 34 号 | 1.146 | 0.827 | 0.724 | 0.773 | 0.937 | 0.289 | 0.384 |
| 石 4185 | 1.320 | 0.844 | 1.099 | 1.115 | 0.985 | 0.459 | 0.413 |
| 新乡 9408 | 1.148 | 1.068 | 0.807 | 0.952 | 0.847 | 0.330 | 0.370 |
| 郑 9023 | 0.919 | 1.559 | 0.683 | 0.841 | 0.812 | 0.312 | 0.396 |

# 补充材料一：多元多项式回归分析、规划求解和方差分析的综合应用

【例题】有一玉米的氮钾肥配比试验，施氮量分别为2kg、4kg、6kg、8kg、10kg共五个水平，施钾量分别为10kg、15kg、20kg共三个水平，各小区的产量结果如表1所示，建立多元多项式回归方程，计算最高期望产量及其相应条件，并解释方程的意义（提示：先整理出各个处理的平均值再做方程）。再做各处理统计图，并通过方差分析，筛选最优水平组合。

表1　玉米的氮钾肥配比试验小区产量　　　　单位：kg/小区

| 钾肥 | 氮肥 | | | | |
|---|---|---|---|---|---|
| | 2 | 4 | 6 | 8 | 10 |
| 10 | 27 | 26 | 31 | 30 | 25 |
| | 29 | 25 | 30 | 30 | 25 |
| | 26 | 24 | 30 | 31 | 26 |
| | 26 | 29 | 31 | 30 | 24 |
| 15 | 30 | 28 | 31 | 32 | 28 |
| | 30 | 27 | 31 | 34 | 29 |
| | 28 | 26 | 30 | 33 | 28 |
| | 29 | 25 | 32 | 32 | 27 |
| 20 | 33 | 33 | 35 | 35 | 30 |
| | 33 | 34 | 33 | 34 | 29 |
| | 34 | 34 | 37 | 33 | 31 |
| | 32 | 35 | 35 | 35 | 30 |

1. 先建立二元二次回归方程。整理出各处理的平均值，再将数据输入 SPSS 软件，如图 1 所示，图 1 中 K、N、Y 分别代表试验中钾素水平、氮素水平和产量。单击【转换】，计算变量，得到计算变量对话框。

| | K | N | Y |
|---|---|---|---|
| 1 | 10 | 2 | 27 |
| 2 | 15 | 2 | 29 |
| 3 | 20 | 2 | 33 |
| 4 | 10 | 4 | 26 |
| 5 | 15 | 4 | 27 |
| 6 | 20 | 4 | 34 |
| 7 | 10 | 6 | 31 |
| 8 | 15 | 6 | 31 |
| 9 | 20 | 6 | 35 |
| 10 | 10 | 8 | 30 |
| 11 | 15 | 8 | 33 |
| 12 | 20 | 8 | 34 |
| 13 | 10 | 10 | 25 |
| 14 | 15 | 10 | 28 |
| 15 | 20 | 10 | 30 |

图 1　各处理平均值数据文件

2. 在目标变量中输入 K2 代表 K 平方，在数字表达式一栏中通过选择左侧变量和下方的运算符号输入计算公式 K*K，单击【确定】，得到 K2 的数据。以此类推，得到 N2 和 KN（分别代表 N 的平方以及 K 与 N 的乘积），如图 2 所示。

3. 单击【分析】、【回归】、【线性】，得到对话框，在因变量中选择 Y，在自变量中输入 K、N、K2、N2 和 KP，采用后退的方法建立方程（读者可以尝试用其他方法分析，此处省略）。三次拟合方程的方差分析结果和偏回归系数如图 3 和图 4 所示，本例题选择第三次拟合。

| | K | N | Y | K2 | N2 | KN |
|---|---|---|---|---|---|---|
| 1 | 10 | 2 | 27 | 100 | 4 | 20 |
| 2 | 15 | 2 | 29 | 225 | 4 | 30 |
| 3 | 20 | 2 | 33 | 400 | 4 | 40 |
| 4 | 10 | 4 | 26 | 100 | 16 | 40 |
| 5 | 15 | 4 | 27 | 225 | 16 | 60 |
| 6 | 20 | 4 | 34 | 400 | 16 | 80 |
| 7 | 10 | 6 | 31 | 100 | 36 | 60 |
| 8 | 15 | 6 | 31 | 225 | 36 | 90 |
| 9 | 20 | 6 | 35 | 400 | 36 | 120 |
| 10 | 10 | 8 | 30 | 100 | 64 | 80 |
| 11 | 15 | 8 | 33 | 225 | 64 | 120 |
| 12 | 20 | 8 | 34 | 400 | 64 | 160 |
| 13 | 10 | 10 | 25 | 100 | 100 | 100 |
| 14 | 15 | 10 | 28 | 225 | 100 | 150 |
| 15 | 20 | 10 | 30 | 400 | 100 | 200 |

**图 2　钾氮组合数据文件**

各偏回归系数均达到 0.05 显著水平。

**ANOVA[a]**

| 模型 | | 平方和 | 自由度 | 均方 | F | 显著性 |
|---|---|---|---|---|---|---|
| 1 | 回归 | 105.624 | 5 | 21.125 | 5.042 | .018[b] |
| | 残差 | 37.710 | 9 | 4.190 | | |
| | 总计 | 143.333 | 14 | | | |
| 2 | 回归 | 105.137 | 4 | 26.284 | 6.881 | .006[c] |
| | 残差 | 38.196 | 10 | 3.820 | | |
| | 总计 | 143.333 | 14 | | | |
| 3 | 回归 | 102.855 | 3 | 34.285 | 9.317 | .002[d] |
| | 残差 | 40.479 | 11 | 3.680 | | |
| | 总计 | 143.333 | 14 | | | |

a. 因变量：Y

b. 预测变量：(常量), KN, K2, N2, N, K

c. 预测变量：(常量), KN, K2, N2, N

d. 预测变量：(常量), K2, N2, N

**图 3　后退法建立回归模型方差分析**

系数$^a$

| 模型 | | 未标准化系数 | | 标准化系数 | | |
|---|---|---|---|---|---|---|
| | | B | 标准错误 | Beta | t | 显著性 |
| 1 | (常量) | 22.350 | 10.698 | | 2.089 | .066 |
| | K | -.470 | 1.379 | -.621 | -.341 | .741 |
| | N | 2.724 | 1.185 | 2.493 | 2.299 | .047 |
| | K2 | .040 | .045 | 1.592 | .892 | .396 |
| | N2 | -.192 | .079 | -2.148 | -2.431 | .038 |
| | KN | -.030 | .046 | -.488 | -.655 | .529 |
| 2 | (常量) | 18.903 | 3.323 | | 5.688 | .000 |
| | N | 2.771 | 1.124 | 2.535 | 2.466 | .033 |
| | K2 | .025 | .009 | .999 | 2.662 | .024 |
| | N2 | -.192 | .075 | -2.148 | -2.546 | .029 |
| | KN | -.033 | .043 | -.539 | -.773 | .457 |
| 3 | (常量) | 20.488 | 2.567 | | 7.982 | .000 |
| | N | 2.274 | .905 | 2.081 | 2.513 | .029 |
| | K2 | .019 | .004 | .738 | 4.604 | .001 |
| | N2 | -.192 | .074 | -2.148 | -2.594 | .025 |

a. 因变量：Y

**图4　后退法建立回归模型方程系数**

结果表明，后退法分三次进行了方程的拟合；方差分析表明，三次拟合中进入方程的各变量均与 Y 有显著的线性回归关系；但各偏回归系数的检验结果表明，只有第三次建立的方程中 N、K2、N2 的 p 值均小于 0.05，达到显著水平，可以进入方程，其他变量不能进入方程。因此，用此方法得到的模型中因子最多且均达到显著水平，方程为：$y = 20.488 + 2.274N + 0.019K^2 - 0.192N^2$。此方程的标准化回归系数表明，N 和 $K^2$ 均对玉米产量有直接的促进作用，N 的作用强于 $K^2$ 的作用，氮 N2 的标准化系数为 -2.148，表明氮过量对产量有抑制作用。

4. 通过 Excel 规划求解计算方程极值。通过上述软件得到方程为 $\hat{y} = 20.488 + 2.274N + 0.019K^2 - 0.192N^2$，$2 \leqslant N \leqslant 10$，$10 \leqslant K \leqslant 20$，方程为二元二次，有极值。下面通过 Excel 规划求解计算方程极值。

预留单元格 A1、A2 为未知数 N、K；在 A3 单元格键盘输入方程，回车后单元格内显示 20.488，如图 5 所示。即 A3 = 20.488 + 2.274 * A1 + 0.019 * A2^2 - 0.192 * A1^2。

| SUM | | $f_x$ | =20.488+2.274*A1+0.019*A2^2-0.192*A1^2 |

|  | A | B | C | D | E | F |
|---|---|---|---|---|---|---|
| 1 |  |  |  |  |  |  |
| 2 |  |  |  |  |  |  |
| 3 | =20.488+2.274*A1+0.019*A2^2-0.192*A1^2 | | | | | |

**图 5　在 Excel 中输入方程**

5. 单击【数据】—【规划求解】。点选目标单元格 A3 值为最大值，可变单元格为 A1 和 A2，再添加各约束条件 $2 \leqslant A1 \leqslant 10$、$10 \leqslant A2 \leqslant 20$，如图 6 所示。单击【确定】，得到变量 A1 = 5.92，A2 = 20，最大值 y = 34.82。用同样的方法设置目标单元格最小值和可变单元格以及约束条件，如图 7 所示，单击【确定】，得到变量 A1 = 2，A2 = 10，最小值 y = 26.17（注：此例题仅包含氮素和钾素的施用范围作为计算产量极值的约束条件，研究过程中读者还需考虑实际试验条件以进行约束条件的调整）。

**图 6　规划求解计算方程最大值**

**图7  规划求解计算方程最小值**

6. 通过方差分析筛选最优水平组合。在 Origin 软件中整理数据，如图 8 所示。

7. 参照第四章两因素试验资料方差分析介绍的方法进行分析。单击【统计】、【方差分析】、【双因素方差分析】，打开对话框，在数据输入的因子 A 数据收缩栏中选择"钾肥"；在数据输入的因子 B 数据收缩栏中选择"氮肥"；在数据收缩栏中选择"产量"，勾选交互后的选择框，如图 9 所示。其他选项值保持默认。单击【均值比较】，按需要选择合适的均值比较方法，本例题选择 Fisher LSD 法，如图 10 所示。其他选项保持默认。单击【确定】，输出结果，如图 11 至图 13 所示。

| | A(X) | B(Y) | C(Y) |
|---|---|---|---|
| 长名称 | 钾肥 | 氮肥 | 产量 |
| 单位 | | | |
| 注释 | | | |
| F(x)= | | | |
| 类别 | 未排序 | 未排序 | |
| 1 | K10 | N2 | 27 |
| 2 | K10 | N2 | 29 |
| 3 | K10 | N2 | 26 |
| 4 | K10 | N2 | 26 |
| 5 | K10 | N4 | 26 |
| 6 | K10 | N4 | 25 |
| 7 | K10 | N4 | 24 |
| 8 | K10 | N4 | 29 |
| 9 | K10 | N6 | 31 |
| 10 | K10 | N6 | 30 |
| 11 | K10 | N6 | 30 |
| 12 | K10 | N6 | 31 |
| 13 | K10 | N8 | 30 |
| 14 | K10 | N8 | 30 |
| 15 | K10 | N8 | 31 |
| 16 | K10 | N8 | 30 |
| 17 | K10 | N10 | 25 |
| 18 | K10 | N10 | 25 |
| 19 | K10 | N10 | 26 |
| 20 | K10 | N10 | 24 |
| 21 | K15 | N2 | 30 |
| 22 | K15 | N2 | 30 |
| 23 | K15 | N2 | 28 |
| 24 | K15 | N2 | 29 |
| 25 | K15 | N4 | 28 |
| 26 | K15 | N4 | 27 |
| 27 | K15 | N4 | 26 |
| 28 | K15 | N4 | 25 |
| 29 | K15 | N6 | 31 |
| 30 | K15 | N6 | 31 |
| 31 | K15 | N6 | 30 |
| 32 | K15 | N6 | 32 |
| 33 | K15 | N8 | 32 |
| 34 | K15 | N8 | 34 |
| 35 | K15 | N8 | 33 |
| 36 | K15 | N8 | 32 |
| 37 | K15 | N10 | 28 |
| 38 | K15 | N10 | 29 |
| 39 | K15 | N10 | 28 |
| 40 | K15 | N10 | 27 |
| 41 | K20 | N2 | 33 |
| 42 | K20 | N2 | 33 |
| 43 | K20 | N2 | 34 |
| 44 | K20 | N2 | 32 |
| 45 | K20 | N4 | 33 |
| 46 | K20 | N4 | 34 |
| 47 | K20 | N4 | 34 |
| 48 | K20 | N4 | 35 |
| 49 | K20 | N6 | 35 |
| 50 | K20 | N6 | 33 |
| 51 | K20 | N6 | 37 |
| 52 | K20 | N6 | 35 |
| 53 | K20 | N8 | 35 |
| 54 | K20 | N8 | 34 |
| 55 | K20 | N8 | 33 |
| 56 | K20 | N8 | 35 |
| 57 | K20 | N10 | 30 |
| 58 | K20 | N10 | 29 |
| 59 | K20 | N10 | 31 |
| 60 | K20 | N10 | 30 |

图8　玉米产量数据文件

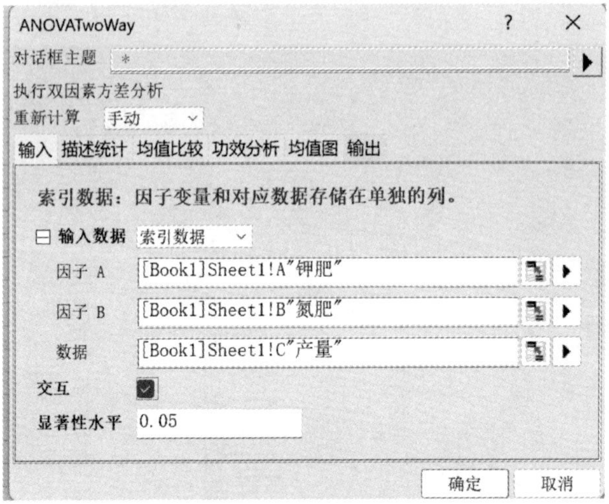

图 9  双因素方差分析数据输入对话框

图 10  双因素方差分析均值比较对话框

方差分析
总体方差分析

|  | DF | 平方和 | 均方 | F值 | P值 |
|---|---|---|---|---|---|
| 钾肥 | 2 | 315.83333 | 157.91667 | 129.20455 | 2.24718E-19 |
| 氮肥 | 4 | 207.16667 | 51.79167 | 42.375 | 1.03242E-14 |
| 交互 | 8 | 50.33333 | 6.29167 | 5.14773 | 1.37579E-4 |
| 模型 | 14 | 573.33333 | 40.95238 | 33.50649 | 3.96065E-19 |
| 误差 | 45 | 55 | 1.22222 |  |  |
| 修正整体 | 59 | 628.33333 |  |  |  |

在0.05水平下，**钾肥**的总体均值是**显著地**不同的。
在0.05水平下，**氮肥**的总体均值是**显著地**不同的。
在0.05水平，**钾肥**和**氮肥**的相互作用是**显著**的。

**图 11　总体方差分析结果**

钾肥

|  | 均值 | 分组 | |
|---|---|---|---|
| K20 | 33.25 | A | |
| K15 | 29.5 | | B |
| K10 | 27.75 | | | C |

不共享字母的方法有显著不同。

氮肥

|  | 均值 | 分组 | | |
|---|---|---|---|---|
| N8 | 32.41667 | A | | |
| N6 | 32.16667 | A | | |
| N2 | 29.75 | | B | |
| N4 | 28.83333 | | | C |
| N10 | 27.66667 | | | | D |

不共享字母的方法有显著不同。

**图 12　不同钾肥和氮肥下玉米平均产量**

*交互 的*

| 钾肥 | 氮肥 | 均值 | 分组 | | | | | |
|------|------|------|---|---|---|---|---|---|
| K20 | N6 | 35 | A | | | | | |
| K20 | N8 | 34.25 | A | B | | | | |
| K20 | N4 | 34 | A | B | | | | |
| K20 | N2 | 33 | | B | | | | |
| K15 | N8 | 32.75 | | B | | | | |
| K15 | N6 | 31 | | | C | | | |
| K10 | N6 | 30.5 | | | C | D | | |
| K10 | N8 | 30.25 | | | C | D | | |
| K20 | N10 | 30 | | | C | D | | |
| K15 | N2 | 29.25 | | | | D | E | |
| K15 | N10 | 28 | | | | | E | F |
| K10 | N2 | 27 | | | | | F | G |
| K15 | N4 | 26.5 | | | | | F | G | H |
| K10 | N4 | 26 | | | | | | G | H |
| K10 | N10 | 25 | | | | | | | H |

不共享字母的方法有显著不同。

Sig等于1表明在0.05水平下，均值是显著不同的。
Sig等于0表明在0.05水平下，均值并非显著不同的。

**图13　不同钾肥和氮肥组合下玉米平均产量**

从方差分析的结果来看，钾肥、氮肥和钾肥与氮肥间的交互作用对玉米产量均有极显著的影响。其中，不同施钾量下，K20 玉米平均产量最高；K10 平均产量最低。不同施氮量下，N8 平均产量最高，但与 N6 差异不显著，N10 平均产量最低。交互作用表明，K20N6 水平组合玉米平均产量最高，但是与 K20N8 和 K20N4 的平均产量差异不显著；K10N10 玉米平均产量最低。此结果和回归分析的结果一致，即氮肥和钾肥均对玉米产量有促进作用，但是过量的氮肥对产量有抑制作用。

8. 利用 Origin 软件的 Paired Comparison Plot 插件直接进行绘图。在 Paired Comparison Plot 插件对话框中，点选 Data Column 一栏后的黑色箭头选中产量，作为柱状图的数据轴；点选 Group Column 一栏后的黑箭头选中氮肥和钾肥处理，作为柱状图的分类轴，如图14 所示。输出图形，如图15

所示。通过调整参数可以得到不同类型的柱形图，如图 16 所示。

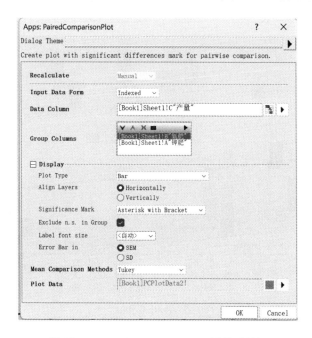

**图 14　Paired Comparison Plot 插件对话框**

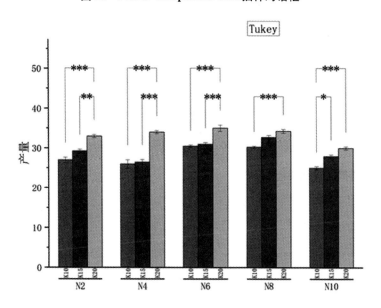

**图 15　不同处理下玉米平均产量柱形图**

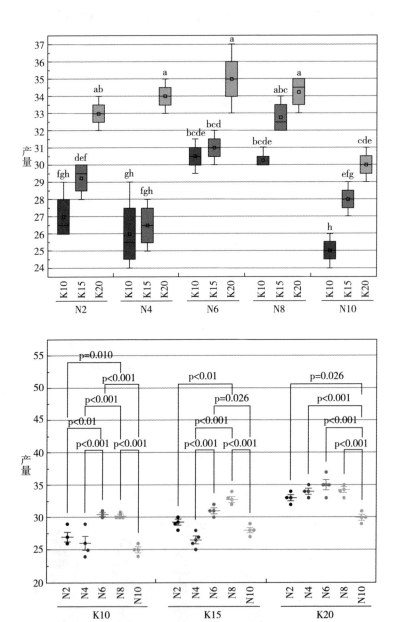

**图16 玉米平均产量箱线图和点线图**

# 补充材料二：CurveExpert 软件进行 Logistic 方程拟合及特征值计算

【例题】观察记录某棉花品种不同发育时期纤维长度，如表 1 所示，请用 Logistic 回归方程拟合纤维发育过程并计算特征值。

**表 1　棉花品种不同发育时期纤维长度**

| 开花后天数（d） | 5 | 10 | 15 | 17 | 19 | 21 | 23 | 25 |
|---|---|---|---|---|---|---|---|---|
| 长度均值（mm） | 2 | 10.8 | 18.3 | 20.7 | 23 | 23.6 | 25.5 | 26.4 |

1. 输入 CurveExpert 软件界面（见图 1），并进行非线性-S 型模型 Logistic 拟合。

注意：输出的 a、b、c 值（科学计数法）分别对应 Logistic 标准方程的 K 值（理论最大值）、a 值和 b 值（常数项）。Logistic 标准方程：

$$y = \frac{K}{1 + ae^{-bx}}$$

2. 得到 K = 26.485，a = 26.836，b = 0.2736。方程为：

$$y = \frac{26.485}{1 + 26.836e^{-0.2736t}}, R^2 = 0.991$$

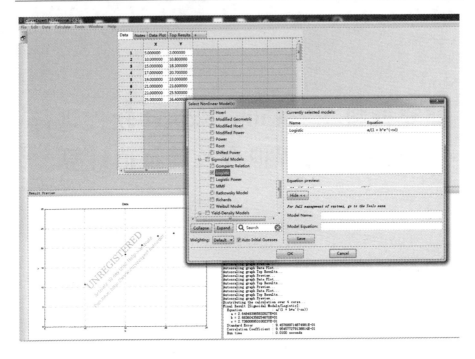

**图1　CurveExpert 软件界面**

3. 计算方程特征参数。通过对公式进行一阶、二阶、三阶求导，得到以下参数（时间点）：

渐增起始时间 $t_1$：$t_1 = \dfrac{\ln a - 1.317}{b}$（也可称作始盛期）；

快增终止时间 $t_2$：$t_2 = \dfrac{\ln a + 1.317}{b}$（也可称作盛末期）；

缓增终止时间 $t_3$：$t_3 = \dfrac{\ln a + 4.59512}{b}$；

（上述计算值为时间点，计算某个时间段需要相减）；

最大相对生长速率 $V_{max}$：$V_{max} = \dfrac{bK}{4}$；

最大生长速率出现时间 $t_{max}$：$t_{max} = \dfrac{\ln a}{b}$（也可称作高峰点）；

快速增长持续时间 T（$t_2-t_1$）。

根据速度函数的两个拐点 $t_1$ 和 $t_2$ 将 Logistic 方程曲线的生长过程分为：

渐增期 $\left( t = 0 \sim \dfrac{lna-1.317}{b} \right)$ ；

快增期 $\left( t = \dfrac{lna-1.317}{b} \sim \dfrac{lna+1.317}{b} \right)$ ；

缓增期 $\left( t = \dfrac{lna+1.317}{b} \sim 自然成熟 \right)$ 。

4. 通过上述公式计算得到如下特征值，如表 2 所示。

**表 2　计算特征**

| $t_1/d$ 时间点 | $t_2/d$ 时间点 | $t_3/d$ 时间点 | $0\sim t_1$（渐增期持续时间） | $t_2-t_1$（快增期持续时间） | $t_3-t_2$（缓增期持续时间） | $T_{max}$ | $V_{max}$ |
|---|---|---|---|---|---|---|---|
| 7.21 | 16.84 | 28.82 | 7.21 | 9.63 | 11.98 | 12.02 | 1.81 |
| $V_1$ 渐增期生长速率 | $V_2$ 快增期生长速率 | $V_3$ 缓增期生长速率 | $Y_1$ 渐增期积累量 | $Y_2$ 快增期积累量 | $Y_3$ 缓增期积累量 | $V_{mean}$ 整个发育期平均生长速率 | |
| 0.776 | 1.58 | 0.445 | 5.596 | 15.295 | 5.329 | 0.9097 | |

注：$Y_1$、$Y_2$、$Y_3$ 分别由相应的 $t_1$、$t_2$、$t_3$ 值代入最终的 Logistic 方程计算 y 值并通过相应时期的值相减得来。

**练习题：**

测得某小麦品种不同开花天数平均单粒重，数据如表 1 所示，建立 Logistic 回归方程，并计算相应的特征值。

**表 1　小麦品种不同开花天数平均单粒重**

| 开花后天数 x | 0 | 3 | 6 | 9 | 12 | 15 | 18 | 21 | 24 |
|---|---|---|---|---|---|---|---|---|---|
| 平均单粒（mg）y | 0.3 | 0.72 | 3.31 | 9.71 | 13.09 | 16.85 | 17.79 | 18.23 | 18.43 |

计算结果：K = 18.2799　a = 48.22　b = 0.4199。

| $t_1/d$ | $t_2/d$ | $t_3/d$ | $0\sim t_1$ 渐增期 持续时间 | $t_2-t_1$ 快增期 持续时间 | $t_3-t_2$ 缓增期 持续时间 | $T_{max}$ | $V_{max}$ |
|---|---|---|---|---|---|---|---|
| 9.3522 | 18.9794 | 30.9609 | 9.3522 | 9.6272 | 11.9815 | 14.1658 | 1.2503 |
| $V_1$ 渐增期 灌浆速率 | $V_2$ 快增期 灌浆速率 | $V_3$ 缓增期 灌浆速率 | $Y_1$ 渐增期 积累量 | $Y_2$ 快增期 积累量 | $Y_3$ 缓增期 积累量 | $V_{mean}$ | |
| 0.413 | 1.0962 | 0.3071 | 3.8628 | 10.5542 | 3.6801 | 0.5845 | |

## 分析实例：不同施磷量对小麦灌浆特性的影响

通过 Logistic 方程分析不同磷素供应下 ZC5、ZC7 和郑麦 9023 的籽粒灌浆特征参数，由表 1 可知，籽粒最大积累速率出现在花后 14.04~16.96d，但 ZC5 早于郑麦 9023 1 d 左右。ZC5 和郑麦 9023 的 LP 和 HP 处理的最大灌浆速率出现时间均早于其 P0 处理；三种基因型的 LP 和 HP 处理最大灌浆速率和平均灌浆速率均高于 P0。

### 表 1　基因型和磷处理对小麦灌浆速率的影响

| 基因型 | 磷处理 | 模拟方程 | $R^2$ | $T_m \cdot d^{-1}$ | $V_m \cdot d^{-1}$ | V |
|---|---|---|---|---|---|---|
| ZC5 | P0 | $y=46.849/(1+38.087e^{-0.233x})$ | 0.999** | 15.622 | 2.729 | 1.323 |
| | LP | $y=41.566/(1+41.884e^{-0.266x})$ | 0.997** | 14.041 | 2.764 | 1.326 |
| | HP | $y=43.695/(1+42.977e^{-0.265x})$ | 0.995** | 14.191 | 2.895 | 1.383 |
| ZC7 | P0 | $y=51.195/(1+22.569e^{-0.195x})$ | 0.998** | 15.982 | 2.496 | 1.295 |
| | LP | $y=53.902/(1+29.134e^{-0.200x})$ | 0.997** | 16.860 | 2.695 | 1.357 |
| | HP | $y=51.659/(1+30.406e^{-0.208x})$ | 0.997** | 16.417 | 2.686 | 1.340 |
| 郑麦 9023 | P0 | $y=48.098/(1+27.329e^{-0.209x})$ | 0.998** | 16.964 | 2.513 | 1.274 |
| | LP | $y=51.549/(1+29.312e^{-0.215x})$ | 0.998** | 15.712 | 2.771 | 1.391 |
| | HP | $y=49.944/(1+35.506e^{-0.229x})$ | 0.999** | 15.588 | 2.859 | 1.401 |

注：y：千粒重；x：开花后天数；$R^2$：决定系数；$T_m \cdot d^{-1}$：最大灌浆速率出现日期/开花后天数；$V_m \cdot d^{-1}$：最大灌浆速率/开花后天数；V：平均灌浆速率。*P<0.05；**P<0.01。

进一步对灌浆特征值分析发现（见表2），三个基因型在不同磷处理下渐增期天数为 9.090～10.275d，灌浆速率为 0.965～1.172g·d$^{-1}$，千粒重增长量为 8.774～11.438g；快增期天数为 9.902～13.507d，灌浆速率为 2.148～2.534g·d$^{-1}$，千粒重增长量为 23.987～31.171g；缓增期天数为 12.344～16.807d，灌浆速率为 0.514～0.713g·d$^{-1}$，千粒重增长量为 7.214～10.755g；整个灌浆期灌浆平均速率为 1.274～1.401g·d$^{-1}$。ZC7 的 LP 处理渐增期持续时间最长且籽粒干物质积累量最多，ZC7 的 P0 灌浆速率最大；ZC7 的 P0 和郑麦 9023 的 P0 快增期持续时间最长；ZC5 的 HP 处理灌浆速率最大；ZC7 的 LP 处理籽粒干物质积累量最多；ZC7 的 P0 缓增期持续时间最长；ZC5 的 HP 处理灌浆速率最大，籽粒干物质积累量最多为 ZC7 的 LP；整个灌浆过程，平均灌浆速率最大的是郑麦 9023 的 HP 处理。

表2 基因型和磷处理对灌浆速率的影响分析

| 基因型 | 磷处理 | 灌浆特征参数 | | | | | | | | |
|---|---|---|---|---|---|---|---|---|---|---|
| | | $T_1 \cdot d^{-1}$ | $T_2 \cdot d^{-1}$ | $T_3 \cdot d^{-1}$ | $V_1$ | $V_2$ | $V_3$ | $Y_1$ | $Y_2$ | $Y_3$ |
| ZC5 | P0 | 9.970 | 11.304 | 14.137 | 0.990 | 2.389 | 0.672 | 9.867 | 27.009 | 9.504 |
| | LP | 9.090 | 9.902 | 12.344 | 0.965 | 2.422 | 0.680 | 8.774 | 23.987 | 8.390 |
| | HP | 9.222 | 9.939 | 12.431 | 0.998 | 2.534 | 0.713 | 9.202 | 25.191 | 8.866 |
| ZC7 | P0 | 9.229 | 13.507 | 16.807 | 1.172 | 2.188 | 0.613 | 10.820 | 29.558 | 10.305 |
| | LP | 10.275 | 13.170 | 16.289 | 1.113 | 2.367 | 0.660 | 11.438 | 31.171 | 10.755 |
| | HP | 10.085 | 12.663 | 15.798 | 1.081 | 2.354 | 0.661 | 10.899 | 29.803 | 10.440 |
| 郑麦 9023 | P0 | 10.210 | 13.507 | 14.045 | 1.115 | 2.148 | 0.514 | 11.384 | 29.019 | 7.214 |
| | LP | 9.586 | 12.251 | 15.213 | 1.138 | 2.431 | 0.680 | 10.910 | 29.784 | 10.340 |
| | HP | 9.837 | 11.502 | 14.314 | 1.073 | 2.507 | 0.702 | 10.556 | 28.838 | 10.050 |

注：$T_1 \cdot d^{-1}$：渐增期持续时间/开花后天数；$T_2 \cdot d^{-1}$：快增期持续时间/开花后天数；$T_3 \cdot d^{-1}$：缓增期持续时间/开花后天数；$V_1$：渐增期灌浆速率；$V_2$：快增期灌浆速率；$V_3$：缓增期灌浆速率；$Y_1$：渐增期积累量；$Y_2$：快增期积累量；$Y_3$：缓增期积累量。

# 补充材料三：方差分析、隶属函数综合评价和相关性分析的综合应用

论文题目：高温干旱跨代效应对小麦芽期
耐旱性和耐盐性的影响

## 1 材料与方法

### 1.1 试验材料及环境

父代供试材料选用正常收获的 SDWW-7、津农 6 号和金石农 1 号小麦种子，子代供试材料选用新疆吐鲁番地区高温胁迫（HT）和石河子地区灌浆期干旱（DT）及正常灌溉条件下（NW）收获的 SDWW-7、津农 6 号和金石农 1 号小麦种子。

吐鲁番花后高温胁迫环境（HT）：吐鲁番夏季平均气温在 32℃ 左右，全年气温高于 35℃ 的炎热天气平均为 99d；高于 40℃ 的酷热天气平均为 28d。年降水量约 16mm，蒸发量高达 3000mm，5~6 月的平均温度为 30~35℃。试验地气候条件符合高温气候特点，故花后高温胁迫不再特殊设置。

石河子正常灌溉环境（NW）：全生育期总灌溉量 6000m³·hm⁻²，苗期、

拔节期、孕穗期、抽穗期、开花期、灌浆期、乳熟期灌溉量分别为 $1200m^3 \cdot hm^{-2}$、$1200m^3 \cdot hm^{-2}$、$1200m^3 \cdot hm^{-2}$、$450m^3 \cdot hm^{-2}$、$450m^3 \cdot hm^{-2}$、$900m^3 \cdot hm^{-2}$、$600m^3 \cdot hm^{-2}$。

石河子花后干旱胁迫环境（DT）：花前总灌溉量为 $4500m^3 \cdot hm^{-2}$，灌溉时间和灌溉量与正常灌溉条件相同，花后不再进行灌溉，遇雨天搭遮雨棚。

### 1.2 试验设计

大田试验于 2021 年 9 月至 2022 年 7 月在石河子大学教学试验场和新疆吐鲁番农业科学研究所试验田进行，两地小区面积均为 5m×6m，行距均为 20cm。播种量均为 $5.25×10^6$ 粒 $\cdot hm^{-2}$，小区间隔离带宽 50cm；试验处理设置见 1.1。

发芽试验于 2022 年 8~10 月在石河子大学农学院冬麦课题组温室进行。分别用 0%PEG-6000（CK）、15%PEG-6000（D1）、20%PEG-6000（D2）溶液模拟干旱胁迫；分别用 $0mmol \cdot L^{-1}$（CK）、$50mmol \cdot L^{-1}$（S1）、$100mmol \cdot L^{-1}$（S2）、$200mmol \cdot L^{-1}$（S3）的 NaCl 溶液模拟低、中、高不同程度的盐胁迫。干旱胁迫和盐胁迫发芽试验步骤相同：先挑选饱满度一致的小麦种子用 5% 的过氧化氢消毒 10min，再用蒸馏水冲洗 3~5 次。培养皿铺两层滤纸，分别向培养皿内添加相应的蒸馏水和胁迫溶液，滴加的量以滤纸充分湿润，倾斜时皿底无溶液为宜，同时保证各处理添加量一致。每个培养皿均匀摆放 30 粒种子，每个处理重复 2 次，设定温度为 20℃，于培养箱培养 7d，相对湿度为 60%，每天记录每皿的发芽数，发芽标准为芽长超过种子的一半。

各胁迫处理的渗透压、pH 值、电导率见表 1。

**表 1　各胁迫处理液的渗透压、pH 值和电导率**

| 处理 | 渗透压（MPa） | pH | 电导率（μS/cm） |
| --- | --- | --- | --- |
| CK | 0.00 | 6.85 | 0.93 |
| D1 | −2.95 | 6.94 | 5.11 |
| D2 | −4.91 | 7.50 | 5.44 |
| S1 | −0.25 | 7.06 | 540.00 |

| 处理 | 渗透压（MPa） | pH | 电导率（μS/cm） |
|------|------|------|------|
| S2 | −0.49 | 7.10 | 1044.00 |
| S3 | −0.99 | 7.11 | 1834.00 |

注：PEG-6000 渗透压计算公式为 $\psi_S = -1.18 \times 10^{-2}C - 1.18 \times 10^{-4}C^2 + 2.67 \times 10^{-4}\ CT + 8.39 \times 10^{-7}C^2T$；盐胁迫处理液渗透压计算公式为 $\pi = CRT$，式中 C 为溶液浓度，R 为常数（$8.31 kPa \cdot L \cdot K^{-1} \cdot mol^{-1}$），T 为热力学温度（K）。

### 1.3　测定项目及方法

1.3.1　高温、干旱锻炼材料总淀粉、直链淀粉、支链淀粉含量的测定

1.3.2　高温、干旱锻炼材料蛋白质、水分、湿面筋、SDS 沉降值、硬度的测定

1.3.3　高温、干旱锻炼材料千粒重的测定

1.3.4　子代材料发芽指标测定

分别在培养第 3 天和第 7 天观测种子发芽势和发芽率。第 3 天计算发芽势和相对发芽势，第 7 天计算发芽率、相对发芽率和相对旱害率、相对盐害率等指标。

发芽势 = 发芽种子粒数（3d）/供试种子数×100%

相对发芽势 = 干旱（盐）处理发芽势/对照发芽势×100%

发芽率 = 发芽种子粒数（7d）/供试种子数×100%

相对发芽率 = 干旱（盐）处理发芽率/相应对照发芽率×100%

$$发芽系数\ CG = \frac{100 \times (A_1 + A_2 + \cdots + A_n)}{A_1 t_1 + A_2 t_2 + \cdots + A_n t_n}$$

式中，$A_1$，$A_2$，$\cdots$，$A_n$ 为逐日发芽种子数；$t_1$，$t_2$，$\cdots$，$t_n$ 为相应发芽天数。

日均发芽率 MDG = 总发芽率 $G_i$/总发芽天数 $G_d$

$$发芽指数\ Gi = \sum \frac{G_t}{D_t}$$

式中，$G_t$ 为在时间 t 天的发芽数，$D_t$ 为相应的发芽天数。

相对发芽指数 $RG_i$ = 处理发芽指数/对照发芽指数×100%

相对盐害率 =（对照发芽率−盐处理发芽率）/对照发芽率×100%

相对旱害率 =（对照发芽率−旱处理发芽率）/对照发芽率×100%

### 1.3.5　子代材料芽长、最大根长和根数的测定

发芽 7d 随机选取各处理 10 株幼苗再测定芽长、最大根长、根数。

### 1.3.6　隶属函数法进行综合评价

将发芽势和发芽率等指标作为评价指标对不同处理下的小麦品种进行综合评价。

隶属函数值 $u(X_j) = (X_j - X_{min}) / (X_{max} - X_{min})$，$j = 1, 2, 3 \cdots n$

式中，$X_j$ 表示第 j 个评价指标值；$X_{min}$ 表示第 j 个评价指标值的最小值；$X_{max}$ 表示第 j 个评价指标值的最大值。根据评价指标的隶属函数计算各小麦品种在不同干旱胁迫和盐胁迫下的耐旱性和耐盐性的综合评价值。

权重 $W_j$ 的确定采用标准差系数法：

$$V_j = \left[ \sum_{i=1}^{n} (X_{ij} - \bar{X}_j)^2 \right]^{1/2} / X_j; \quad W_j = V_j / \sum_{i=1}^{n} V_j$$

$$D = \sum_{i=1}^{n} \left[ u(X_j \times W_j) \right], \quad j = 1, 2, 3 \cdots n$$

式中，$X_{ij}$ 表示 i 处理 j 指标的隶属函数值；$\bar{X}_j$ 表示各处理第 j 个指标平均值；$V_j$ 表示第 j 个指标的标准差系数；D 表示各处理用隶属函数法求得的耐旱性、耐盐性综合评价值。

### 1.4　数据处理

数据分析使用 Excel 和 SPSS 19.0 软件，所有数据至少 3 个重复，方差分析采用 F 检验，多重比较采用 Duncan 法，显著水平为 0.05。相关性分析采用皮尔逊双变量相关性分析，利用 Origin 软件及微生信网站（https：// www.bioinformatics.com.cn/）作图。

## 2　结果与分析

### 2.1　高温及干旱胁迫对父代小麦籽粒品质的影响

由表 2 可知,3 个小麦品种在 NW 环境下的千粒重均显著高于 DT 和 HT。SDWW-7 经 HT 和 DT 胁迫后的千粒重比 NW 分别下降 46.15% 和 39.51%。津农 6 号和金石农 1 号小麦在 HT 和 DT 胁迫后比 NW 的千粒重分别降低 23.55%、39.71% 和 33.23%、45.81%。水分和湿面筋在 DT、HT 环境与 NW 环境之间存在显著的差异,在 HT 环境下与 NW 相比,SDWW-7、津农 6 号、金石农 1 号的水分和湿面筋均显著下降;在 DT 环境下与 NW 相比,SDWW-7 的水分下降 12.26%,湿面筋上升 8.79%,津农 6 号分别下降 7.82% 和 8.92%,金石农 1 号水分下降 13.67%,湿面筋上升 5.15%。除津农 6 号 DT 环境外,SDWW-7、金石农 1 号在 HT 和 DT 环境下的沉降值均与 NW 存在显著差异。与 NW 相比,HT 和 DT 环境胁迫后显著增加了小麦的硬度,在 HT 和 DT 环境下 SDWW-7 的籽粒硬度比 NW 环境分别增加 86.82% 和 35.92%。津农 6 号小麦的硬度在 HT 和 DT 环境下比 NW 环境分别增加 47.14% 和 36.99%;金石农 1 号在 HT 和 DT 环境下的籽粒硬度比 NW 环境分别增加 47.26% 和 42.61%。

方差分析表明,基因型对千粒重、水分、湿面筋含量、沉降值和硬度没有显著的影响。但环境以及环境和基因型之间的互作对籽粒的千粒重、水分、湿面筋含量和硬度有极显著的影响。

### 表 2　高温胁迫及干旱胁迫对父代小麦籽粒品质的影响

| 基因型 | 环境 | 千粒重（g） | 水分（%） | 湿面筋含量（%） | SDS 沉降值 | 硬度 |
|---|---|---|---|---|---|---|
| SDWW-7 | HT | 25.76c | 7.10c | 27.33c | 49.30c | 110.73a |
| | DT | 28.94b | 8.80b | 37.10a | 67.40a | 80.56b |
| | NW | 47.84a | 10.03a | 34.10b | 59.27b | 59.27c |
| 津农 6 号 | HT | 36.58a | 7.00c | 32.53b | 65.13a | 89.90a |
| | DT | 28.85c | 8.60b | 31.36c | 59.37b | 83.70b |
| | NW | 47.85a | 9.33a | 34.43a | 58.27b | 61.10c |

续表

| 基因型 | 环境 | 千粒重（g） | 水分（%） | 湿面筋含量（%） | SDS 沉降值 | 硬度 |
|---|---|---|---|---|---|---|
| 金石农 1 号 | HT | 26.12b | 7.00c | 27.83c | 55.03c | 109.46a |
| | DT | 21.20c | 8.46b | 36.73a | 64.80b | 106.0b |
| | NW | 39.12a | 9.80a | 34.93b | 66.60a | 74.33c |
| F 值 | | | | | | |
| 基因型 | | 2.27 | 0.18 | 0.62 | 0.04 | 0.87 |
| 环境 | | 40.99** | 452.80** | 14.03** | 2.99 | 62.18** |
| 基因型×环境 | | 25.68** | 122.00** | 1046.10** | 104.89** | 72.26** |

注：数据后的不同小写字母表示相同品种 HT、DT、NW 间存在显著差异（P<0.05），＊和＊＊分别表示存在显著（P<0.05）或极显著（P<0.01）差异。下同。

## 2.2　高温及干旱胁迫对父代小麦籽粒淀粉及蛋白质含量的影响

由表 3 可以看出，对于 HT 环境下的 SDWW-7 的总淀粉、支链淀粉和直链淀粉含量均显著大于 DT 和 NW 处理。对于津农 6 号，3 个处理之间淀粉含量差异不显著。对于金石农 1 号，NW 环境下的总淀粉及其组分含量均显著大于 HT 和 DT 处理。DT 环境下 3 个小麦品种的蛋白质含量显著或极显著大于 HT 和 NW 处理。方差分析表明，基因型、环境以及环境和基因型之间的互作对淀粉总含量、直链淀粉、支链淀粉、蛋白质含量均有显著影响。

**表 3　高温胁迫及干旱胁迫对父代小麦籽粒淀粉及蛋白质的影响**

| 基因型 | 环境 | 淀粉总含量（%） | 直链淀粉（%） | 支链淀粉（%） | 蛋白质（%） |
|---|---|---|---|---|---|
| SDWW-7 | HT | 84.31a | 30.54a | 53.62a | 10.57c |
| | DT | 74.62b | 26.62b | 48.01b | 14.81a |
| | NW | 77.80b | 27.91b | 49.94b | 13.11b |
| 津农 6 号 | HT | 81.63a | 29.40a | 52.08a | 12.76b |
| | DT | 79.11a | 28.43a | 50.71a | 14.27a |
| | NW | 78.40a | 28.14a | 50.30a | 13.03b |

续表

| 基因型 | 环境 | 淀粉总含量（%） | 直链淀粉（%） | 支链淀粉（%） | 蛋白质（%） |
|---|---|---|---|---|---|
| | HT | 76.15b | 27.28b | 48.94b | 11.82c |
| 金石农1号 | DT | 71.20c | 25.18c | 46.03c | 15.50a |
| | NW | 80.73a | 29.05a | 51.68a | 13.03b |
| F值 | | | | | |
| 基因型 | | 7.19** | 5.89* | 8.70** | 32.83** |
| 环境 | | 15.58** | 13.11** | 18.03** | 732.46** |
| 基因型×环境 | | 6.99** | 6.41** | 7.24** | 61.79** |

### 2.3　干旱胁迫对子代小麦发芽形态及发芽指标的影响

通过对高温、干旱锻炼后的子代小麦种子进行发芽试验，于发芽第7天观察形态。发现设置不同浓度 PEG-6000 的干旱胁迫处理后（见图1），各品种发芽率、地上部生物量均随胁迫程度的加剧呈现减小趋势，三个小麦品种表型相比较后，发现其中经过高温锻炼后的 SDWW-7、津农6号及经过干旱锻炼后的金石农1号长势更好，适应性更强。

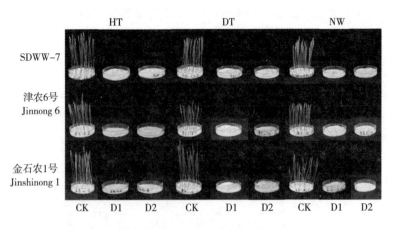

图1　干旱胁迫对子代小麦发芽形态的影响

由表4可以看出，经过高温干旱锻炼后的3个子代小麦品种在添加不同浓度的 PEG-6000 进行干旱胁迫处理后，子代发芽势、发芽率、均与 NW 环

表 4　干旱胁迫对子代材料发芽指标的影响

| 基因型 Genotype | 环境 Environment | 干旱处理 Drought treatment | 发芽势/% Germination potential | 发芽率/% Germination rate | 相对发芽率/% Relative germination rate | 日均发芽率/% Daily germination rate | 发芽系数 Germination coefficient | 相对旱害率/% Relative drought damage rate |
|---|---|---|---|---|---|---|---|---|
| SDWW-7 | HT | CK | 99.03a | 99.03a | 100.00a | 14.15a | 22.23a | 0.00a |
| | | D1 | 96.66ab | 97.81ab | 98.77a | 13.97a | 20.14c | 1.23a |
| | | D2 | 81.13cd | 97.78ab | 98.74a | 13.97a | 18.38e | 1.26a |
| | DT | CK | 99.00a | 99.06a | 100.00a | 14.15a | 22.25a | 0.00a |
| | | D1 | 88.94bc | 97.78ab | 98.71a | 13.97a | 21.30b | 1.29a |
| | | D2 | 80.06cd | 97.82ab | 98.75a | 13.97a | 18.94d | 1.25a |
| | NW | CK | 97.04ab | 97.03ab | 100.00a | 13.86a | 21.69b | 0.00a |
| | | D1 | 77.81d | 94.40ab | 97.29a | 13.49a | 18.34e | 2.71a |
| | | D2 | 62.22e | 93.27b | 96.12a | 13.32a | 17.85f | 3.88a |
| 津农 6 号 Jinnong6 | HT | CK | 100.00a | 100.00a | 100.00a | 14.29a | 22.19a | 0.00b |
| | | D1 | 97.83a | 98.91a | 98.91a | 14.13a | 18.67c | 1.09b |
| | | D2 | 81.15b | 97.85a | 97.85a | 13.98a | 17.23d | 2.15b |
| | DT | CK | 100.00a | 100.00a | 100.00a | 14.29a | 22.13a | 0.00b |
| | | D1 | 94.44a | 98.93a | 98.93a | 14.13a | 20.89b | 1.07b |
| | | D2 | 74.41c | 97.81a | 97.81a | 13.97a | 18.38c | 2.19b |
| | NW | CK | 97.03a | 97.00a | 100.00a | 13.86a | 22.21a | 0.00b |
| | | D1 | 78.92bc | 90.04b | 92.82b | 12.86a | 18.46c | 7.18a |
| | | D2 | 46.73d | 85.63b | 88.28b | 12.23b | 17.44d | 11.72a |

续表

| 基因型 Genotype | 环境 Environment | 干旱处理 Drought treatment | 发芽势/% Germination potential | 发芽率/% Germination rate | 相对发芽率/% Relative germination rate | 日均发芽率/% Daily germination rate | 发芽系数 Germination coefficient | 相对旱害率/% Relative drought damage rate |
|---|---|---|---|---|---|---|---|---|
| 金石农1号 Jinshinong1 | HT | CK | 100.00a | 100.00a | 100.00a | 14.29a | 22.12a | 0.00c |
| | HT | D1 | 92.22bc | 97.81a | 97.81a | 13.97a | 20.19c | 2.19c |
| | HT | D2 | 85.56cd | 95.63a | 95.63ab | 13.66a | 18.75f | 4.37bc |
| | DT | CK | 100.00a | 100.00a | 100.00a | 14.29a | 22.20a | 0.00c |
| | DT | D1 | 87.81cd | 97.82a | 97.82a | 13.97a | 21.53b | 2.18c |
| | DT | D2 | 82.23d | 96.74a | 96.74a | 13.82a | 19.12e | 3.26c |
| | NW | CK | 98.02ab | 98.03a | 100.00a | 14.00a | 22.10a | 0.00c |
| | NW | D1 | 81.15d | 90.04b | 91.85b | 12.86b | 20.04d | 8.15b |
| | NW | D2 | 68.94e | 81.10c | 82.73c | 11.59c | 19.23e | 17.27a |
| 项目 Item | | | F 值 F Value | | | | | |
| 基因型 Genotype | | | 0.41 | 1.61 | 3.59* | 1.61 | 6.22** | 2.55 |
| 环境 Environment | | | 4.47* | 4.83* | 3.64* | 4.84* | 4.23* | 13.91** |
| 干旱处理 Drought treatment | | | 23.88** | 2.42 | 2.14 | 2.15 | 37.28** | 2.65 |
| 基因型×环境 Genotype×environment | | | 0.16 | 0.45 | 0.63 | 0.45 | 0.15 | 2.62* |
| 基因型×干旱处理 Genotype×drought treatment | | | 2.05 | 0.50 | 0.67 | 0.50 | 0.03 | 0.41 |
| 环境×干旱处理 Environment×drought treatment | | | 26.61** | 23.61** | 12.74** | 23.61** | 12.00** | 4.86* |
| 基因型×环境×干旱处理 Genotype×environment×drought treatment | | | 7.97** | 6.53** | 5.33** | 6.53** | 14.26** | 2.39* |

注：数据后的不同小写字母表示相同品种同种9个处理间存在显著差异（$P<0.05$），*和**分别表示存在显著（$P<0.05$）或极显著（$P<0.01$）差异。下同。

境下存在显著差异。通过对发芽势、发芽率、相对旱害率等发芽指标进行分析后，发现 SDWW-7 和津农 6 号的高温锻炼效果均优于干旱锻炼，而金石农 1 号则相反，DT 环境下收获的子代在面临干旱胁迫时，其相对旱害率低于 HT 环境下的，即干旱锻炼效果优于高温锻炼效果。比较各品种子代发芽能力的差异后，发现 HT 和 DT 环境下收获的津农 6 号其子代发芽率及发芽势均最高，说明该品种经过逆境锻炼后的耐旱性最优；其次排在第二位的是 SDWW-7，其特点是在 D1 和 D2 处理时的发芽能力降低幅度最小，说明该品种对持续逆境有可能具有更强的耐受能力。

方差分析表明，基因型×环境和基因型×干旱处理的两因素交互作用对发芽势、发芽率、相对发芽率、日均发芽率、发芽系数无显著影响；基因型对相对发芽率和发芽系数有显著或极显著的影响；干旱处理对发芽势和发芽系数有极显著的影响；环境型×干旱处理和基因型×环境×干旱处理的交互作用对发芽势、发芽率、相对发芽率、日均发芽率、发芽系数、相对旱害率有显著或极显著的影响。

2.4　盐胁迫对子代小麦材料发芽形态及发芽指标的影响

设置不同浓度的盐胁迫处理后（见图 2），发现经过干旱锻炼的 SD-WW-7、金石农 1 号及高温锻炼的津农 6 号长势更好，适应性更强。

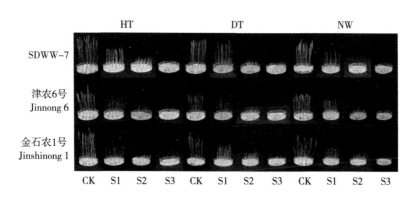

**图 2　盐胁迫对子代小麦材料发芽形态的影响**

由表 5 可以看出 SDWW-7、津农 6 号和金石农 1 号三个品种父代经过高温干旱胁迫后，子代在设置不同浓度的盐胁迫处理后，其发芽势、发芽率、日均发芽率、相对盐害率均与未经历胁迫锻炼的处理存在显著差异。通过对发芽势、发芽率、相对旱害率等发芽指标进行分析，发现 SDWW-7、津农 6 号、金石农 1 号在经历高温锻炼后的子代表现最优，其次是经历干旱胁迫锻炼的处理，最后是适水条件灌溉的处理；金石农 1 号表现更为特殊，在 S1 处理时，经历高温锻炼后的子代表现优于经历干旱胁迫锻炼的子代，在 S2、S3 处理时，却表现为经历干旱胁迫锻炼的子代表现优于经历高温锻炼后的子代，两种锻炼方式对子代金石农 1 号的耐盐性的影响差异最小，而两种锻炼方式对子代 SDWW-7 的耐盐性的影响差异最明显，津农 6 号居中。

方差分析表明，除基因型×环境互作的发芽系数以外的所有指标，基因型、环境、盐胁迫、基因型×环境、环境×盐胁迫交互对其发芽指标有显著或极显著影响；基因型×盐胁迫交互仅对发芽系数有显著影响；基因型×环境×盐胁迫交互作用仅对相对发芽率、发芽系数、相对盐害率有显著或极显著影响。

**表 5　盐胁迫对子代材料发芽指标的影响**

| 基因型 | 环境 | 盐胁迫 | 发芽势（%） | 发芽率（%） | 相对发芽率（%） | 日均发芽率（%） | 发芽系数 | 相对盐害率（%） |
|---|---|---|---|---|---|---|---|---|
| SDWW-7 | HT | CK | 100.00a | 100.00a | 100.00a | 14.29a | 22.20a | 0.00c |
| | | S1 | 100.00a | 100.00a | 100.00a | 14.29a | 22.17a | 0.00c |
| | | S2 | 100.00a | 100.00a | 100.00a | 14.29a | 22.15ab | 0.00c |
| | | S3 | 98.89a | 98.89a | 98.89a | 14.13a | 22.22a | 1.11c |
| | DT | CK | 97.78a | 97.78a | 100.00a | 13.97a | 22.17a | 0.00c |
| | | S1 | 94.44a | 95.55a | 97.72a | 13.65a | 22.16ab | 2.28c |
| | | S2 | 93.33a | 93.33a | 95.45a | 13.33a | 22.22a | 4.55c |
| | | S3 | 90.00ab | 92.22a | 94.31a | 13.17a | 21.76d | 5.69c |
| | NW | CK | 93.33a | 96.67a | 100.00a | 13.81a | 21.89cd | 0.00c |
| | | S1 | 87.78ab | 89.99ab | 93.09a | 12.86ab | 21.94bcd | 6.91c |
| | | S2 | 81.11bc | 79.97bc | 82.72b | 11.42bc | 22.06abc | 17.28b |
| | | S3 | 71.11c | 72.09c | 74.57c | 10.30c | 21.86cd | 25.43a |

续表

| 基因型 | 环境 | 盐胁迫 | 发芽势（%） | 发芽率（%） | 相对发芽率（%） | 日均发芽率（%） | 发芽系数 | 相对盐害率（%） |
|---|---|---|---|---|---|---|---|---|
| 津农6号 | HT | CK | 100.00a | 100.00a | 100.00a | 14.29a | 22.22a | 0.00c |
| | | S1 | 98.89a | 98.89ab | 98.89a | 14.13ab | 22.21a | 1.11c |
| | | S2 | 98.89a | 98.89ab | 98.89a | 14.13ab | 22.17a | 1.11c |
| | | S3 | 94.44ab | 97.78abc | 97.78ab | 13.97abc | 22.11ab | 2.22bc |
| | DT | CK | 98.89a | 100.00a | 100.00a | 14.29a | 22.16ab | 0.00c |
| | | S1 | 98.89a | 100.00a | 100.00a | 14.29a | 22.14ab | 0.00c |
| | | S2 | 95.56ab | 96.67abc | 96.67abc | 13.81abc | 22.13ab | 3.33abc |
| | | S3 | 91.11bc | 93.33bc | 93.33bc | 13.33bc | 21.94bc | 6.67ab |
| | NW | CK | 95.56ab | 95.56abc | 100.00a | 13.65ab | 22.15ab | 0.00c |
| | | S1 | 95.56ab | 95.56abc | 100.00a | 13.65ab | 22.22a | 0.00c |
| | | S2 | 92.22bc | 92.22cd | 96.50abc | 13.17cd | 22.15ab | 3.50abc |
| | | S3 | 87.78c | 87.78d | 91.86c | 12.54d | 21.75c | 8.14a |
| 金石农1号 | HT | CK | 98.89a | 98.89a | 100.00a | 14.13a | 22.17ab | 0.00c |
| | | S1 | 98.89a | 98.89a | 100.00a | 14.13a | 22.23ab | 0.00c |
| | | S2 | 95.56abc | 95.56a | 96.63ab | 13.65a | 22.22a | 3.37bc |
| | | S3 | 95.56abc | 95.56a | 96.63ab | 13.65a | 21.54e | 3.37bc |
| | DT | CK | 98.89a | 100.00a | 100.00a | 14.29a | 22.11ab | 0.00c |
| | | S1 | 96.67ab | 97.78a | 97.78a | 13.97a | 22.08ab | 2.22c |
| | | S2 | 96.67ab | 97.78a | 97.78a | 13.97a | 22.11ab | 2.22c |
| | | S3 | 92.22abc | 96.67a | 96.67ab | 13.81a | 21.73d | 3.33bc |
| | NW | CK | 92.22abc | 95.55a | 100.00a | 13.65a | 22.05abc | 0.00c |
| | | S1 | 87.78bc | 92.22ab | 96.51ab | 13.17ab | 21.76d | 3.49bc |
| | | S2 | 85.56c | 86.67b | 90.71b | 12.38b | 22.02bc | 9.29b |
| | | S3 | 74.44d | 72.22c | 75.58c | 10.32c | 21.88cd | 24.42a |
| F值 | | | | | | | | |
| 基因型 | | | 4.32* | 4.67* | 7.15** | 4.66** | 10.69** | 7.15** |
| 环境 | | | 45.48** | 50.07** | 39.67** | 50.09** | 17.81** | 39.67** |
| 盐胁迫 | | | 14.64** | 17.02** | 32.00** | 17.02** | 34.83** | 32.00** |
| 基因型×环境 | | | 4.18** | 3.57* | 7.86** | 3.57* | 1.69 | 7.86** |
| 基因型×盐胁迫 | | | 0.20 | 0.61 | 1.21 | 0.60 | 2.69* | 1.21 |

| 基因型 | 环境 | 盐胁迫 | 发芽势（%） | 发芽率（%） | 相对发芽率（%） | 日均发芽率（%） | 发芽系数 | 相对盐害率（%） |
|---|---|---|---|---|---|---|---|---|
| 环境×盐胁迫 | | | 2.53* | 5.76** | 11.13** | 5.75** | 1.31 | 11.13** |
| 基因型×环境×盐胁迫 | | | 0.61 | 1.07 | 2.03* | 1.07 | 5.51** | 2.03* |

2.5　干旱胁迫及盐胁迫对子代小麦材料芽长、最大根长和根数的影响

由图 3 可知，不同浓度的 PEG-6000 模拟干旱胁迫处理均会显著降低种子的芽长、最大根长及根数。干旱胁迫后 3 个品种的芽长、最大根长均在 CK 与 D1、D2 处理间存在显著差异，除 HT 环境下收获的津农 6 号子代芽长的 D1 和 D2 处理外，其余各品种 D1 与 D2 处理之间差异均不显著。由图 3（A、B、C）可知，在 CK 处理下，HT、NW 环境下收获的 SDWW-7 子代的芽长显著大于其 DT 环境下的子代芽长；HT、DT 环境下收获的金石农 1 号子代的芽长显著大于其 NW 环境下的子代芽长；在 D1 处理或者 D2 处理下，在 HT、DT、NW 环境下收获的 3 个品种的子代芽长之间差异均不显著。

由图 3（d、e、f）可知，在 CK 处理下，HT、NW 环境下收获的 SDWW-7 的子代最大根长显著大于其 DT 环境下子代的最大根长；DT 环境下收获的金石农 1 号的子代最大根长显著大于其 HT、NW 环境下收获的子代最大根长。在 D1 处理下，HT 环境下收获的 SDWW-7 子代最大根长显著大于其 DT 环境下收获的子代最大根长；NW 环境下收获的金石农 1 号子代最大根长显著大于其 HT 环境下收获的子代最大根长。在 D2 处理下，在 HT、DT、NW 环境下收获的 3 个品种的子代最大根长之间差异均不显著。

由图 3（g、h、l）可知，在 CK 处理下，NW 环境下收获的 SDWW-7 子代的根数显著大于其 DT 环境下收获的子代根数；NW 环境下收获的金石农 1 号子代的根数显著大于其 DT 环境下收获的子代根数。在 D1 处理或者 D2 处理下，在 HT、DT、NW 环境下收获的 3 个品种的子代根数之间均不显著。

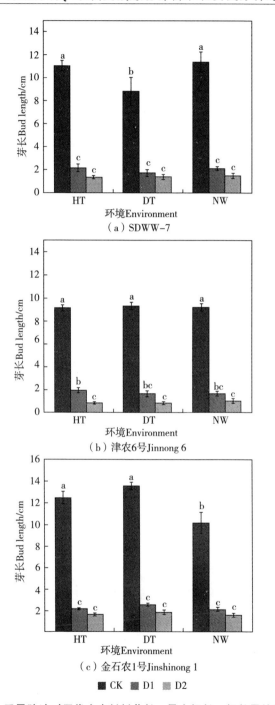

（a）SDWW-7

（b）津农6号Jinnong 6

（c）金石农1号Jinshinong 1

■ CK　■ D1　▨ D2

**图3　干旱胁迫对子代小麦材料芽长、最大根长、根数量的影响**

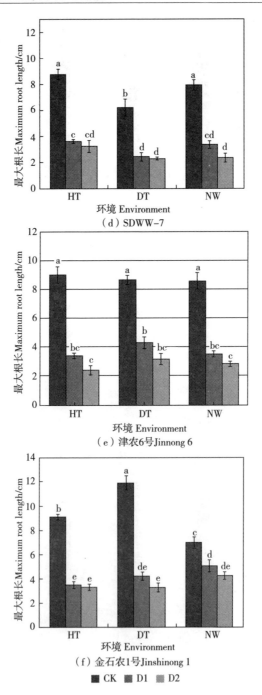

图3　干旱胁迫对子代小麦材料芽长、最大根长、根数量的影响（续）

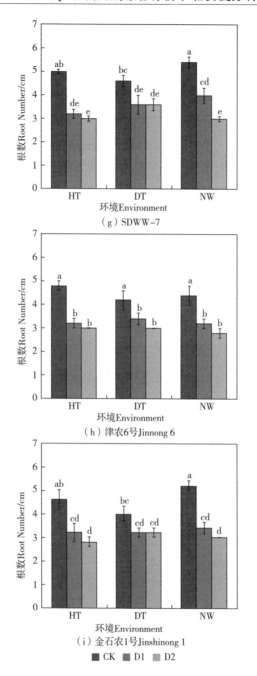

（g）SDWW-7

（h）津农6号Jinnong 6

（i）金石农1号Jinshinong 1

■ CK　■ D1　■ D2

**图 3　干旱胁迫对子代小麦材料芽长、最大根长、根数量的影响（续）**

注：数据后的不同小写字母表示 CK、D1、D2 间存在显著差异（P<0.05）。

由图 4 可知，不同浓度的盐胁迫均会显著降低芽长，最大根长及根数。添加盐胁迫后 3 个品种的芽长、最大根长、在 CK 与 S1、S2、S3 处理间均存在显著差异。

由图 4（a、b、c）可知，在 CK 处理下，DT、NW 环境下收获的金石农 1 号子代的芽长显著大于其 HT 环境下收获的子代芽长。在 S1 处理下，DT 环境下收获的 SDWW-7 子代的芽长显著大于其 HT、NW 环境下收获的子代芽长；NW 环境下收获的金石农 1 号子代芽长显著大于其 HT、DT 环境下收获的子代芽长。在 S2 处理下，DT、NW 环境下收获的金石农 1 号子代芽长显著大于 HT 环境下收获的子代芽长。在 S3 处理下，HT、DT 环境下收获的金石农 1 号的子代芽长显著大于 NW 环境下收获的子代芽长。

由图 4（d、e、f）可知，在 CK 处理下，HT 环境下收获的 SDWW-7、金石农 1 号子代的最大根长显著大于各自 DT、NW 环境下收获的子代最大根长。在 S1、S3 处理下，在 HT、DT、NW 环境下收获的 3 个品种的子代最大根长间差异均不显著。在 S2 处理下，HT、NW 环境下收获的 SDWW-7 子代的最大根长显著大于 DT 环境下收获的子代最大根长。

由图 4（g、h、i）可知，在 CK 处理下，NW 环境下收获的金石农 1 号子代的根数显著大于其 HT 环境下收获的子代根数。在 S1、S3 处理下，在 HT、DT、NW 环境下收获的 3 个品种的子代根数间均不显著。在 S2 处理下，HT 环境下收获的津农 6 号的根数显著大于其 DT、NW 环境下收获的子代根数。

## 2.6 干旱胁迫及盐胁迫对子代小麦材料综合评价的影响

小麦发芽能力的强弱可用多个指标来表示，为评价不同基因型的父代通过高温干旱锻炼对子代小麦发芽的综合影响，利用模糊数学隶属函数进行综合评价。计算各处理下每个指标的隶属函数值，应用标准差系数法计算各指标权重，得出各处理 D 值，并进行排序。如表 6 所示，根据干旱胁迫处理下小麦发芽指标的综合评价，3 个小麦品种 DT 环境下的 D 值均最大，其中 DT 环境下收获的津农 6 号子代材料在 D1 处理下的排名最高。在 D1 干旱胁迫处理下，DT 环境下收获的津农 6 号子代材料耐旱性最好，位列

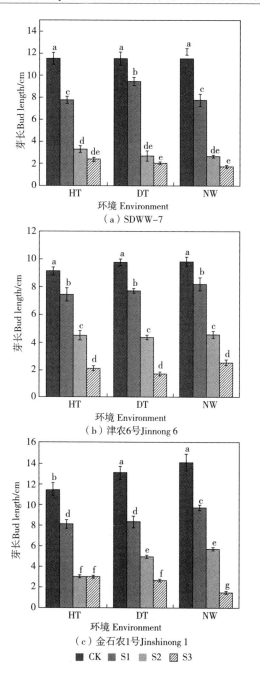

（a）SDWW-7

（b）津农6号Jinnong 6

（c）金石农1号Jinshinong 1

■ CK ■ S1 ▨ S2 ▨ S3

**图 4　盐胁迫对子代小麦材料芽长、最大根长、根数量的影响**

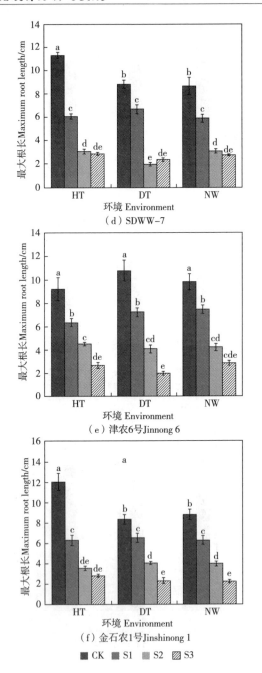

图 4　盐胁迫对子代小麦材料芽长、最大根长、根数量的影响（续）

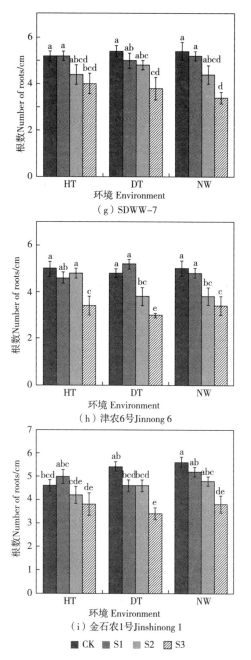

（g）SDWW-7

（h）津农6号Jinnong 6

（i）金石农1号Jinshinong 1

■ CK ■ S1 ▨ S2 ▨ S3

**图4　盐胁迫对子代小麦材料芽长、最大根长、根数量的影响（续）**

注：数据后的不同小写字母表示 CK、S1、S2、S3 间存在显著差异（P<0.05）。

第 1 位；其次是 DT 环境下收获的金石农 1 号子代材料，位列第 2 名；接着是 HT 环境下收获的金石农 1 号子代材料，位列第 3 名。在 D2 干旱胁迫处理下，DT 环境下收获的金石农 1 号的子代材料耐旱性表现最好，位列第 7 位。以上结果均表明，父代小麦经 DT 及 HT 处理后，其子代小麦籽粒在遭遇干旱胁迫时具有明显的发芽优势。

**表 6　子代小麦材料抗旱性的综合评价**

| 基因型 | 环境 | 干旱处理 | 隶属函数值 | | | | | | | | | D 值 | 位次 |
|---|---|---|---|---|---|---|---|---|---|---|---|---|---|
| | | | 发芽势 | 相对发芽势 | 发芽率 | 相对发芽率 | 日均发芽率 | 发芽系数 | 芽长 | 最大根长 | 根数 | | |
| SDWW-7 | HT | D1 | 1.00 | 1.00 | 1.00 | 0.98 | 0.96 | 0.67 | 0.74 | 0.49 | 0.33 | 0.407 | 4 |
| | | D2 | 0.67 | 0.67 | 1.00 | 0.98 | 0.96 | 0.24 | 0.28 | 0.35 | 0.17 | 0.344 | 10 |
| | DT | D1 | 0.83 | 0.82 | 1.00 | 0.95 | 0.96 | 0.95 | 0.49 | 0.06 | 0.67 | 0.400 | 5 |
| | | D2 | 0.65 | 0.65 | 1.00 | 0.98 | 0.96 | 0.38 | 0.29 | 0.00 | 0.67 | 0.354 | 9 |
| | NW | D1 | 0.61 | 0.64 | 0.80 | 0.93 | 0.76 | 0.26 | 0.72 | 0.39 | 1.00 | 0.360 | 8 |
| | | D2 | 0.30 | 0.33 | 0.73 | 0.86 | 0.68 | 0.12 | 0.36 | 0.02 | 0.17 | 0.251 | 16 |
| 津农 6 号 | HT | D1 | 1.00 | 0.80 | 1.07 | 1.00 | 1.00 | 0.33 | 0.63 | 0.41 | 0.33 | 0.391 | 6 |
| | | D2 | 0.67 | 0.21 | 1.00 | 1.00 | 0.96 | 0.00 | 0.00 | 0.05 | 0.17 | 0.278 | 14 |
| | DT | D1 | 0.93 | 0.93 | 1.07 | 1.00 | 1.00 | 0.86 | 0.48 | 0.74 | 0.50 | 0.431 | 1 |
| | | D2 | 0.54 | 0.54 | 1.00 | 0.93 | 0.96 | 0.26 | 0.01 | 0.33 | 0.17 | 0.317 | 13 |
| | NW | D1 | 0.63 | 0.64 | 0.53 | 0.60 | 0.52 | 0.26 | 0.47 | 0.46 | 0.33 | 0.277 | 15 |
| | | D2 | 0.00 | 0.00 | 0.27 | 0.33 | 0.24 | 0.02 | 0.11 | 0.21 | 0.00 | 0.092 | 18 |
| 金石农 1 号 | HT | D1 | 0.89 | 0.87 | 1.00 | 0.93 | 0.96 | 0.86 | 0.79 | 0.43 | 0.33 | 0.407 | 3 |
| | | D2 | 0.76 | 0.74 | 0.87 | 0.80 | 0.84 | 0.33 | 0.46 | 0.37 | 0.00 | 0.326 | 11 |
| | DT | D1 | 0.80 | 0.80 | 1.00 | 0.93 | 0.96 | 1.00 | 1.00 | 0.70 | 0.33 | 0.419 | 2 |
| | | D2 | 0.69 | 0.69 | 0.93 | 0.87 | 0.88 | 0.45 | 0.36 | 0.36 | 0.33 | 0.361 | 7 |
| | NW | D1 | 0.67 | 0.67 | 0.53 | 0.53 | 0.52 | 0.64 | 0.76 | 1.00 | 0.50 | 0.321 | 12 |
| | | D2 | 0.43 | 0.43 | 0.00 | 0.00 | 0.00 | 0.45 | 0.45 | 0.72 | 0.17 | 0.142 | 17 |

由表 7 得出，在同一盐胁迫下 3 个小麦品种中父代经 HT 和 DT 处理的综合评价位次高于 NW 处理的位次，且 HT 优于 DT，说明父代小麦进行 HT

和 DT 处理能增强子代小麦的耐盐性，且高温锻炼效果优于干旱锻炼。在 S1 盐胁迫处理下，HT 环境下收获的 SDWW-7 的子代小麦耐盐性最好，位列第 1 名；其次是 DT 环境下收获的津农 6 号的子代小麦，位列第 2 名；接着是 HT 环境下收获的金石农 1 号的子代小麦，位列第 3 名。在 S2 盐胁迫处理下，HT 环境下收获的津农 6 号子代小麦耐盐性最好，位列第 5 名。S3 盐胁迫处理下，HT 环境下收获的 SDWW-7 的子代小麦耐盐性最好，位列第 11 名。以上结果均表明，父代小麦经 DT 及 HT 处理后，其子代小麦籽粒在遭遇盐胁迫时具有明显的发芽优势。

### 表 7  子代小麦材料抗盐性的综合评价

| 基因型 | 环境 | 盐胁迫 | 隶属函数值 | | | | | | | | | D 值 | 位次 |
| | | | 发芽势 | 相对发芽势 | 发芽率 | 相对发芽率 | 日均发芽率 | 发芽系数 | 芽长 | 最大根长 | 根数 | | |
|---|---|---|---|---|---|---|---|---|---|---|---|---|---|
| SDWW-7 | HT | S1 | 1.00 | 1.00 | 1.00 | 1.00 | 1.00 | 0.92 | 0.77 | 0.75 | 1.00 | 0.23 | 1 |
| | | S2 | 1.00 | 1.00 | 1.00 | 1.00 | 1.00 | 0.89 | 0.22 | 0.20 | 0.64 | 0.21 | 9 |
| | | S3 | 0.96 | 0.95 | 0.96 | 0.96 | 0.96 | 0.99 | 0.11 | 0.16 | 0.46 | 0.20 | 11 |
| | DT | S1 | 0.81 | 0.86 | 0.84 | 0.91 | 0.84 | 0.90 | 0.97 | 0.86 | 0.91 | 0.21 | 7 |
| | | S2 | 0.77 | 0.81 | 0.76 | 0.82 | 0.76 | 1.00 | 0.15 | 0.00 | 0.82 | 0.18 | 15 |
| | | S3 | 0.65 | 0.67 | 0.72 | 0.77 | 0.80 | 0.33 | 0.07 | 0.08 | 0.36 | 0.14 | 22 |
| | NW | S1 | 0.58 | 0.75 | 0.64 | 0.73 | 0.84 | 0.59 | 0.77 | 0.72 | 1.00 | 0.18 | 14 |
| | | S2 | 0.35 | 0.45 | 0.28 | 0.32 | 0.32 | 0.76 | 0.15 | 0.20 | 0.64 | 0.12 | 25 |
| | | S3 | 0.00 | 0.00 | 0.00 | 0.00 | 0.04 | 0.48 | 0.03 | 0.14 | 0.18 | 0.04 | 27 |
| 津农 6 号 | HT | S1 | 0.96 | 0.95 | 0.96 | 0.96 | 0.96 | 0.96 | 0.72 | 0.79 | 0.73 | 0.22 | 4 |
| | | S2 | 0.96 | 0.95 | 0.96 | 0.96 | 0.96 | 0.92 | 0.36 | 0.46 | 0.82 | 0.22 | 5 |
| | | S3 | 0.81 | 0.77 | 0.92 | 0.91 | 0.92 | 0.83 | 0.07 | 0.12 | 0.18 | 0.17 | 17 |
| | DT | S1 | 0.96 | 1.00 | 1.00 | 1.00 | 1.00 | 0.87 | 0.75 | 0.96 | 1.00 | 0.23 | 2 |
| | | S2 | 0.85 | 0.86 | 0.88 | 0.87 | 0.88 | 0.87 | 0.34 | 0.39 | 0.36 | 0.19 | 13 |
| | | S3 | 0.69 | 0.67 | 0.76 | 0.74 | 0.76 | 0.59 | 0.02 | 0.01 | 0.00 | 0.13 | 23 |
| | NW | S1 | 0.85 | 1.00 | 0.84 | 1.00 | 0.84 | 1.01 | 0.81 | 1.00 | 0.82 | 0.22 | 6 |
| | | S2 | 0.73 | 0.86 | 0.72 | 0.87 | 0.72 | 0.89 | 0.36 | 0.41 | 0.36 | 0.18 | 16 |
| | | S3 | 0.58 | 0.67 | 0.64 | 0.78 | 0.64 | 0.31 | 0.12 | 0.16 | 0.18 | 0.12 | 24 |

| 基因型 | 环境 | 隶属函数值 | | | | | | | | | | D 值 | 位次 |
|---|---|---|---|---|---|---|---|---|---|---|---|---|---|
| | | 盐胁迫 | 发芽势 | 相对发芽势 | 发芽率 | 相对发芽率 | 日均发芽率 | 发芽系数 | 芽长 | 最大根长 | 根数 | | |
| 金石农1号 | HT | S1 | 0.96 | 1.00 | 0.96 | 1.00 | 0.96 | 0.96 | 0.81 | 0.79 | 0.91 | 0.23 | 3 |
| | | S2 | 0.85 | 0.86 | 0.84 | 0.87 | 0.84 | 1.00 | 0.19 | 0.30 | 0.55 | 0.20 | 12 |
| | | S3 | 0.85 | 0.86 | 0.84 | 0.87 | 0.84 | 0.00 | 0.19 | 0.16 | 0.36 | 0.14 | 21 |
| | DT | S1 | 0.89 | 0.91 | 0.92 | 0.91 | 0.96 | 0.78 | 0.83 | 0.83 | 0.73 | 0.21 | 8 |
| | | S2 | 0.89 | 0.91 | 0.92 | 0.91 | 0.88 | 0.82 | 0.42 | 0.39 | 0.73 | 0.20 | 10 |
| | | S3 | 0.73 | 0.72 | 0.88 | 0.87 | 0.88 | 0.28 | 0.15 | 0.07 | 0.18 | 0.14 | 20 |
| | NW | S1 | 0.58 | 0.80 | 0.72 | 0.86 | 0.76 | 0.33 | 1.00 | 0.79 | 1.00 | 0.17 | 18 |
| | | S2 | 0.50 | 0.70 | 0.52 | 0.63 | 0.52 | 0.70 | 0.52 | 0.37 | 0.82 | 0.16 | 19 |
| | | S3 | 0.12 | 0.19 | 0.00 | 0.04 | 0.00 | 0.50 | 0.00 | 0.06 | 0.36 | 0.04 | 26 |

2.7　干旱胁迫及盐胁迫对子代小麦材料发芽指标相关性的影响

为了进一步探索干旱胁迫及盐胁迫对子代小麦材料的发芽势、相对发芽势、发芽率、相对发芽率、日均发芽率、发芽系数、相对旱害率、芽长、最大根长、根数的影响，本书分别进行了不同浓度的干旱胁迫及不同浓度的盐胁迫下上述指标的相关性分析（见图5），结果显示，子代小麦在遭遇干旱胁迫后，多数发芽指标之间呈现正相关关系，其发芽势、相对发芽势与相对旱害率呈现负相关关系；日均发芽率与相对旱害率呈现负相关关系；相对旱害率与芽长、根数呈现负相关关系。

子代小麦在进行盐胁迫后，试验表明发芽势、相对发芽势、发芽率、相对发芽率、日均发芽率、发芽系数均与相对盐害率呈现负相关关系，与其他指标间均呈现正相关关系；相对盐害率与芽长、最大根长、根数量呈现负相关关系。

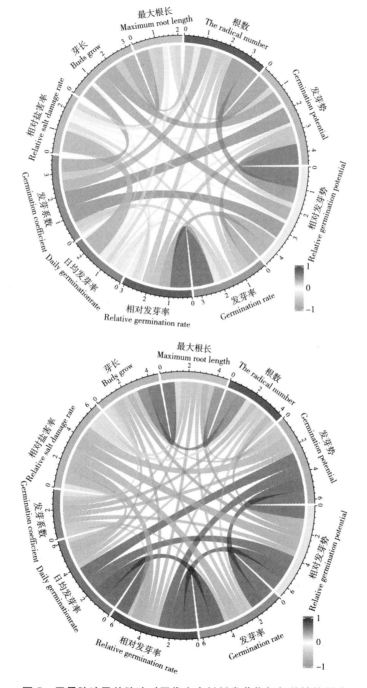

**图5 干旱胁迫及盐胁迫对子代小麦材料发芽指标相关性的影响**

# 参考文献

［1］盖钧镒. 试验统计方法［M］. 北京：中国农业出版社，2006.

［2］宁海龙. 田间试验与统计方法［M］. 北京：科学出版社，2020.

［3］宁海龙. 田间试验数据的计算机分析［M］. 北京：科学出版社，2012.

［4］明道绪. 高级生物统计［M］. 北京：中国农业出版社，2006.

［5］袁志发，周静芋. 多元统计分析［M］. 北京：科学出版社，2000.

［6］刘小虎. SPSS 12. 0 for windows 在试验统计中的应用［M］. 沈阳：东北大学出版社，2007.

［7］刘永健，明道续. 田间试验与统计分析（第四版）［M］. 北京：科学出版社，2020.

［8］周鑫斌. SPSS25. 0 在农业试验统计分析中的应用［M］. 北京：化学工业出版社，2019.

［9］符裕红. SPSS 生物统计实例详解［M］. 北京：中国农业大学出版社，2018.

［10］张力. SPSS19. 0 在生物统计中的应用（第三版）［M］. 厦门：厦门大学出版社，2016.

［11］武松，潘发明. SPSS 统计分析大全［M］. 北京：清华大学出版社，2014.

［12］徐向宏，何明珠. 试验设计与 Design－Expert、SPSS 应用［M］.

北京：科学出版社，2010

[13] 李春艳，张宏，马龙，李诚. 冬小麦苗期氮素吸收利用生理指标的综合评价 [J]. 植物营养与肥料学报，2012，18（03）：523-530.

[14] 李春艳，马龙，张宏，李诚. 新疆冬小麦苗期耐低磷指标的筛选 [J]. 麦类作物学报，2013，33（01）：137-140.

[15] 贾子颖，白阳，李刚，刘翔宇，李诚，李春艳. 磷素水平对小麦突变体农艺性状和品质特性的影响 [J]. 麦类作物学报，2023，43（07）：883-892.

[16] 李刚，王博涵，张学智，李诚，李春艳. 高温干旱跨代效应对小麦芽期耐旱性和耐盐性的影响 [J]. 干旱地区农业研究，2024，42（02）：163-176.